薯條與油封大蒜

餐酒館教父陳陸寬的
「貓下去」新台北家常菜哲學

U0013655

陳
陸
寬

著

suncolor
三采文化

獻給陳家，以及費拉

「一個人要是在青春期生活優渥，那差不多就註定會成為餐桌上的半吊子。
這並不是因為凡是富豪就一定愚蠢，而是因為他們用不著做實驗。」
　　　　　　　　　　　　　　　　—— 李伯齡 （**A.J.Liebling**）

　　　　　　　　　　——《把紐約名廚帶回家：波登的傳統法式料理》

推薦語

跨界名人 最強推薦

「貓下去的涼麵，毀天之滅地！」──────── **ØZI** 創作歌手

「想家的時候，就會一個人去貓下去，那裡有老家飯桌上的熱鬧與喧囂，
　愈來愈台，真的好讚好喜歡。」
──────── **Soac 索艾克** 飲食工作者

「認識陳陸寬是八、九年前的事了，當時他在徐州路上的餐酒館，像是某
種台北異世界的文化沙龍，在裡邊你會遇到文化圈的大佬如倪重華與舒
國治來用餐，也能碰見雜誌編輯與精品公關姊妹淘把紅酒當蔓越莓汁牛
飲，甚至城裡有名的咖啡師與吧檯手都會溜進來吃上一頓，而這些客人
裡沒有人不認識這個有潔癖，有脾氣，品味比天高，嘴上從不饒人的老
闆陳陸寬先生。

而暱稱寬六九的他，與我同年生，玩過樂團也混過雜誌圈，精神上師從
波登，似乎是台北餐酒館發起者之一的傢伙，在他自己的 Blog 也經常寫
一些人稱與時序曖昧不明的官能小說，老實說滿好看的，多年來身邊的
好事者一直要他出書，一個精神上有潔癖，道德上有瑕疵，似乎穿著紅
色短褲跑在台北街頭，一生追求一種完美與毀滅結局的餐館老闆，終於
出了他第一本作品，推薦給各位。」
──────── **迪拉胖** 顏社創辦人

「在這個為了追求出名跟成功，核心價值跟原則都很容易被放棄的時代，
　阿寬能夠一直這樣貫徹著而不疲倦，讓我覺得，這才是真正的成功，
　這世界上總是還有些老派又美好的東西可以相信。」

──────── **劉冠吟** 前《小日子》雜誌社長

關於溫暖而厚重的味道，貓下去，
屬於台北的、嶄新的鄉愁

倪重華
MTI 音樂科技學院基金會董事長

十四年前，我第一次踏入貓下去，吃到了一種溫暖的感覺，過了多年，我現在能說，那是家的味道。

對我而言，熟悉的餐廳是生活中相當重要的調劑。我爸爸是中國北方人，小時候帶著我們上館子，總是吃北方菜。我記得那時候常去同慶樓，在西門町。每次去，老闆都很親切，噓寒問暖，「小孩子大了？」、「最近好嗎？」像是回到一個很熟悉的地方。吃畢，老闆會再來打個招呼，最後，會再「敬」你一個菜。

「敬」一個菜，是一種很剛好的招呼，沒有「招待」的那種傲慢，讓人覺得被照顧的周到，那種「敬」。

後來我年紀長了，入社會了，也開始有些飯場、酒局，開始帶人吃飯。吃飯對我而言，是一種儀式，跟人交流、談事，都在飯桌上，什麼樣的局得要有什麼樣的餐廳。習慣上，我喜歡有熟的餐廳，跟老闆要有不錯的關係，因 那也代表對客人的重視。所以餐廳對我而言，就是一個替代家的歸屬感。但時代慢慢變了，連鎖餐廳多了，這種地方也就少了。

貓下去，對我而言，就是在現代讓我感到有歸屬感的地方，那是難得，而且比歸屬感更多的是情感，因為餐廳裡的那個人。

我記得很清楚，貓下去那時剛開門，才二十多個座位，我就踏進了位在徐州路的這間餐廳。價格實惠，是家常的味道，中菜西餐，都有一點，能吃飽，也吃得巧。

後來，阿寬跟著餐廳慢慢上了軌道，被雜誌報導，餐廳紅了，人多了，還得排隊。阿寬經歷了幾次重要的轉變、經營決策上的大調整，我都陪著他經過。我總是晚上八點去吃，悠悠哉哉地吃完一頓飯，或是中午在這邊簡單地用一餐。

七年前，他搬到敦化北路，餐廳升級了，開始有了系統，產出更為穩定的食物，但他依然保留了本來的基礎，保留了很多人的味道。

阿寬說，他的餐廳是「台菜未滿，西餐不足，新台北家常菜」，這是貼切不過的形容，每一道菜都經過改良，做成最適合台灣人的口味，那是屬於台北的家的味道。

阿寬是個有才氣的人，他的菜就吃的出來，但認識人之後，會讓你更為驚豔。上面那句形容，就看得出這人言之有物。有陣子，他在社群的文字，也是療癒我每一天的精神食糧。做過雜誌的阿寬，總是細細地把一件事、一個人寫得深刻，從他的眼中看著世界，讓我體會到我這輩少見的自由與精準。他在寫作，就像他在做菜一樣，有很多講究，他不是馬虎的人。

但他也挫折過，幾次的風波，讓他經營出現障礙，一個餐廳居然不是因為食物不好招來負評，這我至今也無法理解，但幸的是，他是堅毅的人，一次一次，腳步都踏得更穩，足跡都鑿得更深。

我現在依然一個月要去好幾次貓下去，不知道去哪時，我總是到那裡，會遇到一些朋友，講講話，然後吃頓飯。我喜歡阿寬，也喜歡阿寬對待這個世界的方式。我知道他不滿足，他會繼續努力，所以我很期待，冀盼著貓下去成為台北的百年老店，成為台北人心中無法忘懷的鄉愁。

貓下去是一間可以吃二輩子、三輩子的餐廳

Liz 高琹雯
Taster 美食加創辦人

如果有一家餐廳，菜單上同時出現炸薯條、煲仔飯、涼麵、披薩、炸花枝丸、魚子醬與吐司，你會不會腦洞大開，心想這老闆瘋了？天南地北莫名其妙的混搭，怎麼可能好吃？

它就是可以好吃。把不可能變可能的地方，叫做貓下去，在店裡有時穿著凱蒂貓粉紅帽 T 卻一臉兇煞的光頭老闆，叫做陳陸寬，AKA 台灣安東尼‧波登。

我當貓下去的常客已經十三年，沒有從第一年開始算只是因為當時我在美國讀書。彷彿看著朋友的孩子長大的阿姨，貓下去在我眼裡就是迷途知返的青少年，雖然瘀青滿身瘋癲滿腦，卻走上正軌，愈長愈好。

在貓下去吃飯，我會用筷子夾起細如火柴的薯條沾醬吃，不是因為我不想弄髒手，而是因為我自始至終都喜歡那在西餐的原始設定下置一筒紅筷子的惡趣味；我也會自自在在地張嘴大咬，我已經吃了十三年、私心認為全台北最佳的總匯三明治；貓下去不做義大利麵後，我個人最欣賞的，是一道會把義大利人氣死的培根蛋汁義大利麵，捲捲 QQ 的雞蛋麵裹上起司、鮮奶油、雞高湯與黑胡椒，拌上紅色椒麻油、蒜油與用筷子戳破的溫泉蛋，怎麼可以鮮香得那麼痛快？

這些「旁門左道」，都是陳陸寬持續透過實作以及本書的文字嘗試論述的，新台北家常菜。

書中有好幾個陳陸寬嚷嚷「不想再做假西餐」的時刻。然而,做人不能忘本,陳陸寬是靠十多年前台北餐飲罕見的好品味所營造出的「西式小館」食物與氛圍,打響了「貓下去」的名號,招徠了文人墨客、憤青學生、明星老闆共聚一堂。

我無可救藥愛上貓下去的起點,是一盤牛排薯條(Steak fries)。那是2010年,我剛從波士頓念完法律碩士回到台北的律師事務所工作,在某一個週間夜晚,不期然走進了這間位於徐州路的十七坪小餐廳。那是台北還沒有米其林與亞洲五十最佳餐廳,高端餐飲是牛排館、日本料理與五星飯店粵菜的年代,西餐鮮少咖啡簡餐與大飯店之外的日常。那一盤牛排條,沒有黑胡椒醬,沒有玉米濃湯和餐包,卻讓我震驚於其簡單美味,以及背後所透露出的,對於歐美餐酒文化的精準理解。台北竟然出現了一間「不台的」西式小館!

斷然從「崇洋媚外」投身到「台北本色」,陳陸寬顯然是受到刺激。而那刺激,就是一趟紐約行,讓他意識到他必須說出自己的DNA與從何而來。如果有一天貓下去要「反攻」紐約,總不能靠牛排薯條來跟洋人拚輸贏吧!2018年,已遷至敦化北路擴大營業的貓下去,端出「台菜未滿、西餐不足」的新台北家常菜,我覺得棒呆了。

如同過去十年在Fine dining層級持續發生的,台灣主廚運用法式技巧、在地食材重新詮釋台灣飲食文化,表彰自我身分認同,我認為陳陸寬在做類似的事情,只是他狡猾一點,把範圍限縮在台北,把層級下放到家常菜。這是不折不扣的創作,比起Fine dining更直指人心,因為陳陸寬必須洞悉心靈深處純粹的渴望:到底什麼菜,會讓人一吃再吃、不可自拔?

這前因後果,是我認為本書饒富興味的看點。書裡透露了好些祕訣。例如,人類天生嗜甜(煉乳是個好東西);油脂與炸物是罪惡放縱;吐司是「台北生活裡重要的飲食語言」;沙拉是跨文化的涼拌菜。至於那些中不中、西不西,文化大熔爐的折衷混雜,只是反映台北作為移民城市的本質

罷了。當然，不倫不類與創意天才仍有界限，該如何讓貓下去的混搭不變成人人喊罵的難吃？我想，每天的營業額已經解釋了一切。

陳陸寬也試著去論述一間理想的餐廳的模樣。他寫得此地無銀三百兩，明明在說貓下去，何必害臊？就讓我同聲附和：貓下去是我心目中理想的餐廳，它歡迎所有人，懂得形形色色的需求，在任何我需要食物與酒水的場合，撫慰我、娛樂我。它值得一來再來，我總是想得到使用它的理由，不論是結婚登記當晚小宴親友、招待世界第一餐廳的 CEO，或者，我只是想不到要吃什麼就走了進去。

如果我生了孩子，他／她也會坐在貓下去裡，用筷子吃著薯條。

CONTENTS

CHAPTER 2 我心中最理想的餐廳

INTRO

讓一切聞起來像青春，
讓這張誕生於台北的飲食專輯，
開始為你播放

「家常」這兩個字這些年對我來說,是聽來平凡,但卻又帶有一點點特別之處的。

家常菜,也是我們時常會用的字。我們其實常用來形容吃一餐飯的某種型態。但這裡頭卻通常帶有大多的不確定性,不是在形容特別好,也不會讓你覺得壞,就是有種親切感,以及可能性,對我這種人來說是,會讓人引起某部分的好奇心。

然後我慢慢發現,**家常菜,其實是富含創造力的指涉**。是隱約暗示著有點不同的;是可以很多解釋,但又可以不用解釋的;是我家有,你家可能也有,只是我們用了什麼,而你們不會用什麼而已的耐人尋味;是那就來吃吧別想太多的那種平易近人;是不會讓人有隔閡感,不會使人覺得需要提防或是顧慮的那種,平淡兼具有趣。

往好的那一面來說,家常菜可能代表了創意。
而深入一點來看,家常菜則可能帶了點任性。
以社會階級來說,家常菜或代表了出身背景。
以家庭觀念來說,家常菜則代表的是一種愛。

可能是關於想念的愛;可能是關於想念的人;可能是關於想念的時空背景;可能只是關於,想念家。家常菜,或許是,關於一種用食物才有辦法傳遞的愛。也可能只是單純的,因為對於食物的需要,而必然而然的,產生愛。

「我們在高雄一直以來愛吃的,都是那種肥肥的魯肉飯!」

是吧？家常的菜，家常菜，多麼迷人又淺顯易懂的一句形容，一種表達，一個詞，一個讓任何人都會有各自表述的想像開關。

來吃吃我的家常菜吧，來吃吃我媽的家常菜吧，來吃吃我們家鄉的家常菜吧，來吃吃我們在台北，很多朋友都愛的那些家常菜吧！

那可以是在我們自己的地方，可以是在誰的家，可以是當然也會是，在常去的餐廳，在我們覺得你當個客人也會感到舒適愉快的美好所在。

家常菜，所以我為自己的工作以及所工作的餐廳，在經營困難的那一年，定義了這個看似簡單但卻有很多意涵的方向：

做我們在台北的這一代人都會愛吃的家常菜。
做我們自己也會喜愛也會想做得不太一樣的那些菜。
中餐西餐、歐陸洋食、日本韓國、東南亞與新住民，都可以，都沒有不行。

是的，我要開始有我的家常菜；我要我的餐廳開始做屬於我們的家常菜；我要我們，在餐廳的工作，是為了一種生活在這個城市裡頭的家常菜而存在。而這個決定，真的讓我的職業生涯再次有了活力以及重新找到能夠走下去的動力與契機。

那是疫情還不存在的 2017 年底，當我去了一趟紐約回到台北待在廚房，想通這些之後，2018 年春天，開始了這個用力去追尋自我認同的企圖與動作。

我要那些食物與菜色，用筷子就能開動，也不用太過解釋，就能被喜愛與認同。我要那些食物與菜色，就像我這樣的人這樣的臉會做出來與端出來的自然而然。就像我穿衣服的樣子，就像我說話的方式，就像我愛的音樂與我們喜愛的各種事物那樣的承先啟後包含各種融合。

然後我要台，但不要只是台。我要去掉西餐的框架，去掉義大利麵與燉飯還有牛排的看似必然。但我們骨子裡，則依然是用當代廚房的科學方式來理解各種食物與每一個台台的大菜小吃隱含的背後烹飪技法。

那時候我想到的，只有這樣，也只能這樣。

🧄 用家常菜定義我們的記憶與餐桌

我想如果依自己的年紀能有一個家庭，那麼我在家裡頭做的菜，就是我的家常菜。那如果我所開創的餐廳，貓下去，想成為台北我這代人最具代表性的餐廳，那麼就得為其開始思考與設計，我們大家都會愛吃的家常菜才行。我認為唯有家常菜在先，才有經典菜的發生與可能。

家常菜是聽起來既簡單又沒規則，但家常菜確實是代表了創意。**家常菜，需要的是創造力，為了真正愛的人，為家人，為大家的身心靈所需為了**

活下去,為了各種我們自己人吃飯的理由還有我們自己不好明說的喜好,去想去做,去找參考去刻意學習,去轉化認知改變手法,去製造去犯錯去重新理解什麼是美味,什麼是原味。然後**經由一次又一次的烹飪,去經由一天一天一次一次一口一口吃著飯的過程**,解饞的時刻,與肚子餓了想念家與喝了酒覺得孤獨的時候,或許吧,去發現去定義去確定,是的,這就是我、我們、我的愛,我的家與我的味道。是我與我們的記憶,我們的餐桌,我們的所在。

是的,這就是回到家的感覺,我們永恆的想念;是的,這就是,我們的家常,我們一起的歡笑哀傷,一起餵飽自己餵飽家人餵飽朋友時,必吃的那些食物與菜色。各式各樣各個時候所搭配的各種氣氛與材料還包含了我們愛喝的酒、愛聽的音樂、愛聞的香味、愛用的杯杯盤盤甚至是餐桌與座椅,甚至是最重要的包含了其中的人,那些來來去去以及一個都不能少的人。

家常菜，簡簡單單但卻又充滿巧思，多得是小聰明，或是一種幽默但不見得是好笑的諷刺。是急忙克難下的某種智慧，是為了討好人的某些小撇步，是中餐橫跨西餐之後又來點和風兼容台式的洋食，是高級餐廳會出現的菜式但被換成了沒那麼講究的版本，是夜市小吃的油膩滋味，但換成了色香味更可親的簡約呈現。

是代表了怎麼一路走來的痕跡，是我的從南到北，是我從小遊走本省外省長輩同輩之間的飲食記憶，是我這家裡第三代台北移民的自我演化。更是崇洋媚外時代下成長與變老的我，藉著那些不能明說的曖昧，藉著小小投機與創意，所轉變而成的，烹飪綜合體。

也是刻意承襲與致敬、改良與改進，揉以現代化的語言，並藉著餐廳工作、藉著小奸小惡地使用味道還不賴的台式調味品，然後自得其樂但又信心十足地去烹飪、去製作出堪稱美味的食物、去端上桌面，給你給他，給每個上門的大家。

而那就是我，與我後來知道可以稱作所謂我的家常菜。多年過去，也就這樣煮著煮著，做著做著，從家裡到餐廳再回到家裡，餐桌持續有人持續坐著，其實最後也就真的只是一個平常心，期望能反映家常這兩個字的意義，或許，就是我有你沒想到的創意，或是，我有一點點，那些你忽略掉的耐人尋味與小小品味。

🧄 在家常菜的多重宇宙大宴小酌

於是 2018 年的夏天，我開始了這個家常菜的菜單翻新並且決定義無反顧。直到疫情爆發，直到疫情趨緩，直到我們終於來到這 2023 年的所謂新日常。

從現在看來那家常可能不過就是一碗涼麵、一鍋煲仔飯、一盅薯條、一份漢堡、一片披薩一盤義大利麵與一份烤牛肉、一塊大大的炸排骨配上榨菜高湯燴煮成的飯，與幾片用蜂蜜吐司抹上美乃滋魚子醬的小點心。幾杯我個人與公司女孩子們都喜愛的風格雞尾酒、各國葡萄酒，還有還有，一杯好喝的珍珠奶茶、蛋蜜汁、草莓奶昔與鴛鴦奶茶，然後再配著吃上一份看似韓式菜包肉的金黃香酥脆皮雞腿肉。

從現在看來這畫面實在是無從定義，但你知道這就是在貓下去。台菜未滿、西餐不足，什麼都是，也什麼都不是。有點像是 ØZI 與 9m88 的音樂結合體；有點像是喜劇諧星錢信伊 (Ronny Chieng) 在中國城烙英文講的笑話，有點那樣的味道。是中西美食、文化挪移，有點 AI 作圖的多重宇宙重置變換，但卻又是真有其人各形各色在裡頭大宴小酌、吃吃喝喝。

真的是各種融合，從食物到飲料。也做各種搭配，就像是我們在台北生活所穿的衣服、住的建築、開的車子，看的劇集與說的語言。是的，所有的各種折衷、各種喜好、各種品味不分國籍，只要我們喜愛與認同，就是我的東西就是我們的語言了。

是的也就是我看到與你看到的，貓下去這家餐廳所製造出來的，新台北家常菜了。

🧄 新台北家常菜的重新定義

也或許我們就像是鼎泰豐的逆時空多重宇宙版。鼎泰豐讓上海小吃餐廳化，而我們則讓餐廳食物小吃化；鼎泰豐讓餐廳服務連鎖化，而我們則把餐廳服務速度化。但我要說的是一種家常，何以能成為台北的代表，進而變成國際餐飲的語言？這是鼎泰豐敲打我內心最深處的一記重擊。這是真真實實的家常菜，從舊台北到新台北，從我們日常看見的城市生活，從一代又一代人的集體記憶裡，變化而成的，最最鮮明也最最毫無疑問的代表。

所以要從我自己開始，要從我們這一代的人與這個時代的餐館開始，要從我們開始樹立品味、標準、故事和歷史。要有個菜看起來就是我們的，

像我們的。說的是我們的語言，講的是我們的青春與成長與變老，說的是我們怎麼讓台北成為家鄉與美麗與哀愁。

所以從我那小小租屋處的廚房，到十七坪的第一代徐州路貓下去，再到了現在占地二百坪的貓下去敦北俱樂部，我再也不感到徬徨，關於食物與烹飪就是因為這樣的自我認同與議題刻畫。我不用再去和誰比較，也不會再有心魔，不需要在意後進的小餐館與餐酒館做了什麼更像國外的更新與更炫的菜色，我只想做我們自己會愛吃也愛做的菜色。而那所謂自己，包含了我愛的與愛我的客人們、我認識與還不認識的台北人們、我每一個階段與未來可能會遇見的工作夥伴，或只是我的家人、我工作夥伴的家人、父母與小孩、愛人，以及每個同溫層所延伸的所有朋友們。

而這個家常，這個創意，沒有邊界線，但有使命感。我們依然會求新求變，追溯歷史，探討做與不做的原因，並且為其付出所有的自己。亦即，投入在這個不論是做菜或是飲料製作與設計服務流程的餐廳工作裡。

而我會說，這一切，很台北，很貓下去。

也會很明確的說，**因為很台北，才有我與貓下去。**

因為是這樣的文化大熔爐，啟發了我們這樣去做、去想，去定義餐廳的使命，去探索、去實踐，可能可以叫做新台北家常菜的每一個層面，每一件廣義或狹義的自我認定與重新定義。

但最終我們還是會拋掉嚴肅，輕鬆一點來看每件成果。

是吧，說到底，在一張餐桌上，各種東西可以同時出現又不奇怪的，好像、似乎，就是在台灣台北，我所創立與工作的餐廳貓下去了。

荒謬嗎？可能吧。
但備受喜愛嗎？
嗯，我想應該也是吧。

SMARTER
FASTER
BETTER

←————————————

CHAPTER 1

薯條與油封大蒜

要有個菜像是我們的，

說的是我們的語言，

說的是怎麼讓台北成為家鄉的美麗與哀愁。

薯條與油封大蒜

我們在台北愛吃薯條的程度,也真沒有輸給誰了

如果我們有個創意是經得起時間考驗的,那麼最具代表性的,
就是這個了。而那是配酒配話題,配各種氣氛與食物飲料都沒
有不行的,可能只算是「點心」的東西吧。

把大量芥花油滿滿地注入不鏽鋼烤盆內，直到淹過所有大蒜，接著加入適量的胡椒、鹽巴、新鮮百里香、幾片鼠尾草與月桂葉，然後用果皮刀現刨幾條新鮮的柳橙皮，一起丟進去。油面覆上一層烘焙紙，當作蓋子。接著把整個容器放進烤箱，用 168℃，緩慢加熱 40 分鐘，讓大蒜的所有辛辣刺激都轉化為柔軟與香甜，就大功告成了。

油封大蒜，顧名思義，就是用油脂包覆大蒜，並藉著低溫烹調使其產生本質上的變化、使其成為美味的食物，使其便於長時間在各種條件下作好保存。

而這是一個我再熟悉不過的食物了。最早是從《安東尼‧波登之廚房機密檔案》（*Kitchen Confidential: Adventures in the Culinary Underbelly*）裡頭看到的。那是一篇叫做〈誰在做菜〉（*Who Cooks*）的文章，裡頭提到了二廚與他的「準備就緒」（mise-en-place）。這裡指的是備料、是準備工作、是指將所有烹飪食材各就各位，把工作區站與環境準備就緒。

而那個「油封蒜頭」就和「焦糖化的蘋果塊」一起列在了諸多備料工作的食材清單裡頭。這一張包含了軟化奶油、紅蔥頭末、洋香菜末、研磨胡椒粒與特級橄欖油等等的清單，就是我第一次知道、也在日後時常拿出來複習回味的法式廚房基本烹飪材料表。

在安東尼‧波登（Anthony Bourdain）的烹飪書《把紐約名廚帶回家》（*Anthony Bourdain's Les Halles Cookbook*）裡頭，他將其通稱為 Miscellaneous meez，意思就是「各式各樣必須時常準備的烹飪素材」，那個「meez」是個簡稱，指的就是前面說的準備工作「mise-en-place」（因為 mise 在他們的術語就是念成 meez）。

所以一開始只是好奇，那個油封大蒜與焦糖化的蘋果塊到底是什麼東西，畢竟單看字眼其實並不能全然理解全貌，直到我找了食譜在家如法炮製之後，猶記得當下的反應就像是個孩子發現了 YouTube 的某個內容頻道裡頭教了某種考試的偷吃步，就好像是，突然開竅了似地瞬間知道了一點「喔～原來是這樣啊！」的做菜撇步。

冠軍薯條的起點

那是第一次理解到法國菜的家常烹飪有其智慧。那個原本對於食材風味以及西餐的單純理解，藉著這兩個需要時間與火候去轉化組態的「食材」，讓我的認知變得更為立體了。所以這兩個「meez」，在後來的後來，就一直成了我做西餐慣性使用的物件，也成了貓下去廚房裡頭經常被使用的「調味元素」。

焦化蘋果被當成了有香甜味道的蔬菜料，用在濃湯與燉肉以及燉飯裡頭，而油封大蒜呢，則成了大家都知道，也在日後廣為流傳至許多餐坊的一道菜就叫做「薯條與油封大蒜」。那普及的程度有點像是一道自然而然出現在台北西式餐館的家常菜似的。

說到這，曾經有個前輩和我開玩笑說，如果貓下去在 2009 年夏天做出來的這個「薯條與油封大蒜」能收個權利金，一年一年算起來，嗯，那數字到現在也真不是在開玩笑的（笑）。

從最初簡單明瞭的「薯條與油封大蒜」，到後來用了獎盃盛裝而改名「冠軍細薯條」，其實在一開始，都只是為了要做出一份屬於我們自己的、「有調味」的薯條罷了。

那是 2009 年的春夏，第一代的貓下去小餐館裝潢大致完成，開始進入菜單測試的最後階段。我們想賣薯條，而且還是要像麥當勞那種英文暱稱為「鞋帶」的細薯條。但問題來了，找到了供應這款冷凍薯條的廠商，炸出來的薯條也很脆，但純粹用鹽與胡椒的調味去沾上蕃茄醬，老實說吃起來就是，普普通通，甚至是有點寒酸的莫名其妙、不知所以然。從來沒有開過餐廳菜單的菜雞如我，瞬間開始苦惱，沒想過會卡在這種小地方和自己過不去，畢竟太無聊的東西，連自己吃起來都不會想要買單。

所以後來怎麼了呢？
嗯，我就開始亂做了。

好聽一點可以說是創造了新組合，是拼湊創意與重新翻譯，是靈光乍現的神來一筆，但我還是要說，如果沒有經過創意公司與雜誌社的文案工作洗禮，這個薯條加大蒜的菜色，應該就不會在那時候被這樣一個極為剛好的「亂做」，成就了日後賣了十來年的這道貓下去經典家常菜色。

薯條？

是啦。

就薯條。

在一家叫做貓下去的餐廳，一年就要賣出成千上萬份的薯條。

🧄 薯條與油封大蒜的絕妙滋味

其實那時候是先想到了美式餐廳都會為薯條撒上粉末狀調味料，來當作討喜的烹飪手法。比方常見的起司與大蒜，胡椒或神奇調味粉。於是我們就在想，如果不要呢？如果只是給薯條一點直接又自然的調味呢？或許還得展現一點我們會做點地中海菜的手法？

所以當手上會的東西不多但又想要帥時，很快地，就把念頭動到了原本其實是要用來搭配肋眼牛排變成法式牛排薯條的那個「油封大蒜」了。

就是這麼簡單的「開始亂做」。原本無聊的炸薯條，就在淋上了經油封而帶有陳香的蒜油、攔上幾瓣熟美又甘軟的大蒜之後，成了滋味出眾又完全沒看過的一道全新菜色，是大家都沒看過也沒聽過的薯條呈現。這種在大家都熟悉的菜色裡加進自己的創意、品味，與小把戲，也就是從那時候開始，成了日後貓下去很擅長使用的一種做菜路數。

就這樣，那年開始，薯條帶著餐廳，餐廳帶著薯條，我們開始上了媒體開始在台北吃圈裡走紅。搭配義大利麵與燉飯與沙拉和三明治，每天中午與晚上，那個只有十七坪的小店開始門庭若市。而薯條與油封大蒜，也就這樣成了非吃不可，每桌必點的，貓下去徐州路的招牌菜色。

接著，年復一年的，運用各種持續吸收的烹飪知識與風味組合觀念，我們也在這薯條的調味上持續做些改變、做點與人不同的差異，甚至想做到讓大家會跟不上的瘋狂程度。這很神經質，因為我們會為了要出一份薯條，而用力去備上滿滿好幾盒不同的、新鮮或乾燥的香草與調味料。

在貓下去的夜間餐酒館全盛期，薯條的調味料除了油封大蒜、鹽與現磨黑胡椒，還會刨上新鮮的帕瑪森起司、綠色巴西利碎、新鮮迷迭香、乾燥奧勒岡、現刨黃檸檬皮，並在最後擠上些許處女級橄欖油來作為結尾。

從 2014 到 2017 年，我們就是這樣的執迷不悔於薯條調味上，也幾乎

是把它當成一道高級的料理在做了。直到 2018 年,在那個回歸家常食物的觀念導入已經擴充至二百坪的貓下去敦北俱樂部之後,我也才慢慢地,讓薯條回歸簡單不複雜、單純好吃,能保有脆度並且出餐能夠快速為主要的烹飪原則。

從薯條搭配辨認餐廳的細節與品味

而另一個主要因素是在 2018 年之後我決定採用比「鞋帶」尺寸更細的「火柴棒」薯條。這個決定是因為 2017 年底的一趟紐約行,我在一家叫做點點豬(The Spotted Pig)的餐廳吃飯時發現,他們那一盤招牌的超長細薯條好像有魔法似的,會讓你愈吃愈涮嘴,會讓你吃個不停一口一口像個失控的孩子直到盤子吃個精光,肚子都撐了,可能都還會想要,再來一點。

2017 年 The Spotted Pig

這很具啟發性，就在那看似家常的酒館式漢堡與薯條的搭配裡，我看見了細節與品味，還有真正關於怎麼吃的創意。我清楚記得自己的內心就是在那時候被這個獨特的薯條風格給感召了。雖然這家餐廳在疫情中已永久歇業，但那確實是那趟紐約行很愛很愛的一家餐廳，也啟發了我日後不少對於食物與餐館酒吧的標準設定。

總之，貓下去現在的薯條調味其實簡單得多了。化繁為簡、返璞歸真，是多不如少，不如巧，不如放進嘴裡的耐吃才是最剛好。那是上桌趁熱吃很好，冷掉了也不會讓你覺得糟的一項食物，當然更沒有必要去想到澱粉或肥胖的事，畢竟薯條不能算是一道菜。

薯條是薯條。
不管你點了多少菜，都還是得來一份薯條才行。
是吧？

於是那看似家常的自然而然，帶了點折衷意味，在貓下去，在我們都愛的餐廳與餐桌裡，薯條與油封大蒜，就成了與涼麵、與牛排、與排骨飯與烤中卷和珍珠奶茶放在一起都沒有不行的充滿了情調與異趣。如果我們有個創意是經得起時間考驗的，那麼最具代表性的，就是這個了。而那是配酒配話題，配各種氣氛與食物飲料都沒有不行的，可能只算是「點心」的東西吧。

其實花了很多年的時間才終於搞懂了這件事，也讓薯條有了一個較為正確的位置。舒舒服服地存在我們的餐桌上，不喧譁也不搞噱頭，也就是現在你來貓下去會看到它被放在了菜單的最前面，第一頁的最上面，而欄目上寫著的是「點心」。

是的，點心。

也就是你從早到晚有事沒事吃飽吃巧都可以來上一份的好東西。

也就是認識貓下去第一個需要吃的東西。

而現在貓下去的「冠軍薯條 Meowvelous Fries（The "BEST" in This Country）」所用的調味料，內容也依然會附在菜名之下。裡頭有：很貴的炸油、進口薯條、油封大蒜、橄欖油、黃檸檬皮、奧勒岡香草、黑胡椒與鹽。

歡迎繼續到餐廳品嚐、指教，與漏氣（台語）。

我們更忠於自己，展開 # 新台北家常菜的大膽計劃。
一切的一切讓貓下去變得 # 台了，不再 # 西了，
但自此之後，才算是真正走出了自己的路。

疫情趨緩後的 11 月，餐廳正面臨新的挑戰，不論是人力的短
缺，生意回流的不穩定，以及大環境的種種浮動，都在考驗著
餐廳裡頭所有人的毅力韌性以及面對工作時候的真實信仰。

很榮幸能在這樣的時刻，獲得《聯合報‧500 輯》所舉辦的
美食評鑑「500 盤」所頒發的殊榮。除了被常客們提及了幾道
菜因而上榜之外，也意外地得到了接地氣的特殊獎項，是有點
意外，但心裡頭卻真實有一股溫暖，是疫情一年多以來，終於，
似乎，因為貓下去開發的各種服務以及對於餐廳提供的食物飲
料與外送有所堅持，而得到了一點正面肯定。

四年前的一趟紐約遊歷之後，便決定不再讓貓下去只烹飪西餐
食物，我們想嘗試更忠於自己的出身背景與生活方式，於是展
開了稱作 # 新台北家常菜的大膽計劃。一切的一切是讓貓下去
變得 # 台了，不再 # 西了，但自此之後，才算是真正走出了自
己的路，成了一間能夠讓男女老少都喜愛，也都吃得懂的，台
北新餐廳。

也就是說，這個勇於做自己的決定，讓我們真正開始能服務各
式各樣的人，並且真切地擁抱自己熱愛的食物以及，提供了能
感動人的各種貼近地氣的服務方式。

2018 年決定要把 # 涼麵放到菜單上面時，其實猶豫了許久，
因為這道原本只存在於員工餐宵夜的快速食物，不過是貓下去

很擅長的折衷主義所烹飪出來的一種台北類型小吃罷了。即使夥伴們很喜愛，但一想到正式開賣可能會招來的批評（與靠夭），就心有恐懼。但當時的心情也就是，好吧，管他的，既然要台，就要賭一把，反正也沒人這樣做，而我們也沒什麼好輸的，嗯，就給他貓（賣）下去吧。

後來的後來，你們也都知道了，一系列的涼麵，成了貓下去十二年來最招牌的菜色，成了你所有外地朋友來台北可能都得嚐嚐的食物。並且，最讓我們自己感動的是，疫情中間這麼多的日子裡，這個經過無數次條件測試的涼麵，成了最穩定，也最美味，能夠好好外送到每個人家裡頭（不限距離）的，台北風格療癒食物。

謝謝《500 輯》，謝謝《聯合報》，謝謝一直以來都支持著貓下去的所有客人們。謝謝大家，也繼續歡迎，任何時刻，各種需求，都能再次光臨，我們在敦化北路的歡樂角落，台北最強貓下去。

2021 年 貓下去獲選獎盤

（原文寫於 2021 年 11 月）

３ 關於涼麵

偉大的家常有時候其實只是最簡單的愛

說真的，能讓老外在他們的地方要排隊吃涼麵，
我認為那才叫做真的瘋狂。

其實是開了餐廳之後，才開始愛上在宵夜時間去吃涼麵的。

如果不用排隊久候，在台北這涼麵城市，陳家、柳家、劉媽媽，或是福德，都是好選擇。當然有時候下班累了想圖個方便，也會買 7-11 的大分量真飽涼麵來解解饞，填飽肚子。

在還吃得動宵夜的年紀，最愛的是柳家涼麵。麵條總是嚼起來帶勁，配上特製醬料與蒜，攪進一顆荷包蛋，再來一碗貢丸湯，有好一陣子這樣的組合就是我和幾個調酒師朋友在喝了幾杯之後，最常去的台北夜宵。很罪惡，但也很療癒，在那個還不太怕胖的三十來歲，這是我心中最美好的深夜台北場景之一。

後來戒了宵夜，也就不太會在深夜去吃涼麵了。但偶爾會換成早餐來吃。小巨蛋旁邊有一家，就很有我小時候在台南老家吃的那種外省早餐店的氣味，也就是可以加綠芥末到麵裡，然後一定要配個油煎蛋與味噌湯的那種。如果是在冬天早晨坐在騎樓下的位置，天剛微亮，吃麵喝湯，頗能撫慰城市生活的空虛與寂寥（但夏天時候，嗯，就自求多福了）。

🧄 新台北涼麵的文化挪移

所以 2018 年當我決定要在貓下去賣涼麵的時候，心裡是很掙扎的。一**是認定吃涼麵就是一件很台北的事，因為全台灣沒有其他這麼密集可以吃到涼麵的城市了，而同時也知道要把這種大眾認知很強的小吃食物變成餐廳價格來賣，一定會招來很多批評。**

但我知道我們的胡麻醬作法獨特，也別具風味。然後麵條現燙冰鎮，口

感 Q 彈，配上椒麻十足的紅油與豬肉絲，我很清楚，沒人像我們這樣做。再認真想想，會被拿來比較的店家，可能也就不過剛剛說的那幾家（嗯，還包含小七）。而這也是那一年定義貓下去這家餐廳的烹飪脈絡是在做「新台北家常菜」的由來之一。從四種涼麵、從鹹水雞沙拉、從花椒豬屁股蛋、冷牛肉與芝麻葉，再到排骨飯與擔仔拉麵等等。目的是**要讓貓下去做出自己的折衷變形，去玩弄類似紐約的移民文化挪移，再運用熟悉感與集體記憶來當成訴求，然後變成大家一看就會想點，也一吃都會愛上（甚至上癮）的經典菜色。**

招牌涼麵的口味是煎焙胡麻醬與紅油再搭配豬肉絲，另外也有青蔥醬配雞絲、紅椒辣醬配牛肉，以及醬油風味的海鮮總匯共四款。一開始就是推出這四種不同版本的涼麵，售價都在三百元以上，是時常惹來議論，但卻也扎扎實實地命中了大家都喜愛的點。也就是麵 Q、味好、涮嘴、易吃，而且麵條冰涼程度出乎意料，隨著醬汁，呈現了與其他涼麵全然不同的吸吮口感。

不意外是招牌的麻醬風味最熱賣，畢竟最有共識也不用解釋，但更有趣的是，你會發現其他那些為了假想「去紐約」而設計的中西日洋混搭款，經由服務夥伴與社群發文的介紹之後，也開始慢慢出現自己的粉絲，變得有非賣不可的理由了。比方辣味紅醬牛肉涼麵，我們有個常客，是一個數字月分搖滾天團的貝斯手（頭髮長長的），就非常、非常，愛吃到一個不行，也持續吃了好些年。為了他，我們會一直留住這碗麵在菜單上（希望他能看到我寫在這裡的用心）。

貓下去辣味紅醬牛肉涼麵

🧄 家常食物，反映出我們的出身背景

疫情正盛的時期，餐廳只能外帶外送，而涼麵剛好成了我們最受歡迎與好評的招牌商品。因為在家裡吃和餐廳吃到的，品質幾乎一致，畢竟是點了才做，是真正會「涼」的麵，所以在家只要好好打開醬包淋上麵體再攪拌均勻，其實也就和平常在餐廳裡頭吃的樣子，都差不多了。

而涼麵之所以好吃也熱賣，我想是因為它耐吃、很容易想到要吃，也很容易有依賴感且不用猜疑。那是很直覺會在早餐午餐晚餐與宵夜（甚至做夢）都會想要來一份的台北食物。當然各家風味略有不同，但在貓下去吃涼麵，則是另一種完全不同的風景。是可以和葡萄酒雞尾酒與各種飲料做搭配、可以和薯條與炸雞放在一起，也可以配著烤雞與牛排，一

同上桌共食的。趣味是在於,很自然而然的,這樣的吃法,就成了**全世界只有在台北貓下去才會遇見的特別體驗與記憶**。

一種很台北的記憶。

而這就是我在確立自己的烹飪語言裡面一直想要表達的,**一種可以反映出身背景,可以想像從台北走到紐約東京或倫敦等各大城市,去說出自己的來時處,也會被欣賞與喜愛的家常食物。以至還能帶點時髦的國際風味**。是有那麼一點狂想,但一直以來還真有一些些自信是如果安東尼.波登還活在世界上,如果有天能夠在紐約與啟發我們很多的韓裔名廚張錫鎬(David Chang)所開設的「桃福麵店(Momofuku Noodle Bar)」比肩看齊,那麼我會毫不猶豫地請這些偶像們都到店裡面來,一家叫做「貓下去台北 MEOWVELOUS INC.」的餐廳來吃看看:

「Hey chef，我們來自台北、台灣，我們的 Chilled Noodles 你一定沒吃過，試看看吧！」

說真的，能讓老外在他們的地方要排隊吃我們的涼麵，我認為，那才叫做真的瘋狂。

好了，說回來宵夜，所以是愛吃涼麵當宵夜，才有了這一切。回到十年前在餐廳，我開始會在某些時候用現煮的義大利麵去冰鎮做成涼麵，拌上日式的胡麻醬與橄欖油還有大量的黑胡椒作為大家可以快速解飢的宵夜。一直很受歡迎，年復一年，直到現在。而目前貓下去的招牌涼麵，作法如後頁：

貓下去招牌涼麵
Chilled Noodles with Cold Pork Rump, Sesame Sauce & Red Oil

招牌麻醬
不能說的複數液體油脂
不能說品牌的麻醬
不能說的調味料包含鹽與胡椒還有糖
不能說的神祕加料但不包含老闆的口水
不能說的白醋但不只是醋
所有內容混合均勻，即可

麵條
滾水加鹽，現燙雞蛋麵，用零下23℃結冰的冰塊泡成的冰水，快速冰鎮瀝乾。

組合
麵條拌入適當的麻醬與水，用筷子適度混合均勻，盛入特製的碗，擺上以花椒胡椒醃漬低溫烹調過的老鼠肉絲（豬屁股蛋的市場俗名），撒上青蒜花，再淋上我們特製的花椒胡麻紅油，即可。
—
如果你覺得我有講等於沒講是很正常的反應與現象。來貓下去吃，來外帶與叫外送，或來貓下去上班，可能比較快吃到本人與知道作法啦（好嗎）。

嗯，這就是你們愛吃的台北最貴貓下去涼麵的由來與一點點食譜分享。
（真的就只是一點點。）

4 鹹水雞＋沙拉

讓吃蔬菜與吃沙拉，成為一件很台北的事

我要做一個我們的鹹水雞沙拉，

但不是真的去做路邊那種樣式的雞肉與蔬菜涼拌在一起而已。

我的企圖是要在這個沙拉裡頭，展現對於當代廚藝的理解力。

沙拉是西餐的重要語言，也是西方飲食流行到全世界的一個重要觀念，健康因素是一定有，但關於吃蔬菜、吃美味的蔬菜，倒也不只是吃個沙拉這樣的簡單而已。

沙拉其實泛指了涼拌的菜葉，或各種輕盈、有地方特色，且帶一點點涼涼或溫溫的蔬菜組合。可以有肉的搭配、可以加進海鮮，也可以有一堆醬，而大部分時候，沙拉好像都被說是要配上油醋，要有油有酸才算數。當然這也不是一定，就像你愛吃的凱薩沙拉，就是用蘿蔓生菜去配上大量的凱薩沙拉醬，而這個醬，則是用上大量的蛋黃醬（美乃滋）去調配佐料所做成的。

所以拆開來看，你會發現，所謂沙拉，其實可以就是吃涼拌菜的概念。蔬菜與沾醬；蔬菜與淋醬；蔬菜配點鹹水雞；蔬菜加個（皮）蛋。

當你用這樣的概念來看我們在這個城市怎麼吃蔬菜的時候，其實就可以做出不同的沙拉表達了。如果又**想要做出一個沙拉能代表台北**，那麼先從涼拌菜去想，就或許會有個清楚的大概輪廓。

鹹水雞沙拉這道菜，我與貓下去，就是這樣做出來的。

如果法國菜與西餐的形式上都有一道所謂的「花園沙拉」，那麼我們的花園，在台北，依我的品味來說，或許就是那個你我都看過，一只盛滿了蔬菜與肉與內臟以及各式討喜食物的鹹水雞大鋼盆吧。

所以要做一個可以直覺聯想台北的沙拉，要吃起來既家常又熟悉，「鹹水雞＋沙拉」，嗯，名字光是唸出來，就覺得好像還不賴。於是 2018

年決定要讓貓下去做「新台北家常菜」的時候，這個「沙拉」，就成了這個論述的主軸與基調。

鹹水雞這名字其實會讓人先入為主，產生誤會，以為就是吃那種白煮的雞肉而已。但事實上我們**會愛鹹水雞，是因為雞肉之外還有許多蔬菜、滷味，以及各種討喜的食物素材來做選擇與搭配**。那是可以簡單，也可以豐盛，可以解饞，更可以飽足的一種說是菜系也不為過的台北特色小吃。

所以對我而言，會愛上鹹水雞，起因純粹是為了吃蔬菜而已。

🧄 台北叢林都市裡的熟悉美味

會將鹹水雞加上沙拉，並對比成西餐的花園沙拉，其實是在那年的某個晚上，剛從大安國中結束籃球運動，回家途中經過了信維市場那攤每晚都排滿人的鹹水雞攤時，發現無人排隊，覺得「雞」不可失，於是趕緊停下腳踏車，想著等等回家洗完澡，就可以有一份鹹水雞，當作慰勞休假的一頓晚餐。

以往買鹹水雞的經驗，多數時候都是看著慘白的攤車燈光下那些好似死亡已久的食物屍體做選擇。而結果也大多是拿到一袋吃來乾柴、調味疲軟的雞肉與冰冷的蔬菜綜合體。但那一晚的那一攤鹹水雞不是。

暖色攤燈照下的，是各式各樣黃黃綠綠又豐富的蔬菜、琥珀色的滷味，包含豆乾豆皮滷蛋和海帶，然後是豬的各式「器官」、甜不辣，與大腸、米血等等討喜又熟悉的小吃必備品。那是一上前開始點菜，都還沒想到

雞肉，就已經被蔬菜與其他好料給狠狠塞滿眼睛而有點失去理智的新奇體驗。

我想是這攤鹹水雞的食材之豐盛，啟發了我的想像力。光是看著主理的大姊在快刀剪著我所點的食物集錦，並用一個小小料理盆將其匯集成一份看似蒙太奇拼貼的「鹹水雞」時，那個當下**集台味於大成的視覺美感、亂中有序的禪意，夾雜了新鮮感與香氣、食慾以及惡趣，就通通成了靈感，灌到了我的貓下去備忘錄裡**，讓我整晚開始腦筋動個不停。

而且是真的好吃。在回家路上以竹籤胡亂插著吃的時候，一口一口，每種東西，都是有滋有味，都是有稜有角、有品味、有小智慧，在食材的烹煮、在調味的祕方，在決定要淋上香油以及放入蔥花榨菜大蒜等等這些小小的細節配件時。

這就是我們的「花園沙拉」了吧！？

那一晚回到家之後我就想通了這件事。只是這個花園不是那種法式浪漫，不是北歐風土，不是美式的盛大陽光，也不是日式的乾淨簡約。**這個花園就是那個「台」，那個台北的都市叢林急忙縮影，那個自成一格看似沒有邏輯但又親切可人的人情味以及，讓你一看就懂無需解釋的熟悉美味。**

就是那個攤車不鏽鋼盆裡頭的繽紛蔬菜與食材總匯。
而且不假掰。

鹹水雞沙拉，五個字，就夠去說明我們的台北與家常了。

🧄 鹹水雞＋沙拉的共生與平衡

最先想到的是文化挪移。我要做一個我們的鹹水雞＋沙拉，但不是真的去做路邊那種樣式的雞肉與蔬菜涼拌在一起而已。我的企圖是**要在這個沙拉裡頭，展現對於當代廚藝的理解。我想要在這個鹹水雞＋沙拉裡面做到一盤可以帶有酸甜鹹苦鮮五種滋味，並運用台灣調味料在裡頭的現代化沙拉。**

它會是我們的花園沙拉，只是要藉著一個萬花筒般的鹹水雞概念來作為呈現。然後還要扣除不必要的裝飾形式。要直率，不要刻意，不要先去想到要比較誰，而是先去想要怎麼做才會讓自己發自內心喜愛，讓出菜更快，就像是真正的鹹水雞，剪剪拌拌就能完成。這會減少操作錯誤，也會讓沙拉看來乾淨俐落。而企圖達到的，是要大家一看到菜單上的這道菜，就會想點來吃，就會自然想起了什麼，就會討論著記憶，接著會一吃上癮，會和我們一樣，真心開始喜愛這個沙拉並且發出會心一笑然後產生真正的，熟悉與依賴。

我認為這就是所謂家常菜應該要做到的。

所以比照鹹水雞的服務方式，我們會將所有食材都切（剪）成了適口大小。裡頭有經由綠色香料鹽醃製、真空烹飪過的雞胸肉（為了軟嫩）；有用濃鹽水與蔬菜高湯川燙過的花椰菜、白玉米、香菇與荷蘭豆（提味保鮮）；有自然的酸度來自切丁的綠番茄；有漂亮的苦味來自紅橡葉與芝麻沙拉葉。

烹飪的理念是我希望讓食材去調味彼此，去建構互相共存的平衡關係，去讓滋味樸實但吃得出豐富與獨特，而這會成為這道沙拉耐吃且美味的主要原因。至於創作上的致敬，在一些細微手法上，則是留給眼尖的人去發現的。比方，裡頭還會丟進小小如指甲貼片的紫洋蔥丁，燙熟再放冷，去除刺激口感，默默加入沙拉中，使其成為一個很低調但必要存在的調味要角。

鮮活感。有別於傳統鹹水雞，我們在做的是以蔬菜為題、滋味鮮活的，一道沙拉。

這沙拉也體現了我在貓下去長期以來喜愛的調味手法是表現單純。我早已不用地中海菜的油醋來做沙拉了，也不用新派料理的發酵酸來調味。

我只想單純用鹽與胡椒、芝麻油與橄欖油來增添蔬菜的口感與滋味，而特別之處則是用了一點蔭油膏來當作鹹與鮮甜的味道橋梁，去玩弄一點點認知的小把戲。製作的時候，只要想像鹹水雞的出菜方式，把所有準備好的食材都攤到調理盆裡，撒上調味、淋上油脂，稍微用湯匙將食材們拌勻，就能好好地盛到白色盤子裡，變成這道貓下去近年來最招牌又家常、但概念其實源自於西方料理的沙拉菜色。

鹹水雞沙拉，我們想要給予的是熟悉的集體記憶，是很台北的，直覺與安全感。

而這就是我定義的新台北家常菜。

也就是當某個氣氛與某個食物被吃到的當下，會聽到有人開始說：
「ㄟ這東西吃起來，很貓下去吔！」
那就是了。

鹹水雞沙拉

Taipei Style Cold Veg Mix & Salted Chicken Salad

Chicken Breast, Mixed Veg, Oak Leaf, Soy Paste, Sesame Oil, Olive Oil
嫩煮雞胸肉，大量水煮蔬菜集錦，橡木葉，芝麻葉，蔭油膏，冷壓芝麻油，橄欖油，綠檸檬。

（獻給那些站在台北街角十字路口，不知道晚餐該吃什麼然後就去排鹹水雞的時時刻刻。）

5 怎麼可以沒有凱薩沙拉？

說到吃沙拉，你怎麼可以忘記它？

菜單上一定得有一個以蘿蔓為主的生菜沙拉，這我是明白的。
那代表了安全感，代表了創意之外的基本盤。

無聊。

凱薩沙拉，在大多數時候會得到的評價是這樣。

曾經我也是這樣覺得，認為凱薩沙拉是一道無聊透頂的老哏美式沙拉，但偏偏裡頭使用的蘿蔓，卻又是最受歡迎的生菜，所以有很長一段時間在貓下去，我很常去改造這個沙拉，也就是用蘿蔓生菜，去加雞肉加燻鮭魚、加蛋加馬鈴薯加番茄，甚至是把蛋黃醬為主體的凱薩沙拉醬，換成用焦化奶油去做成的油醋汁，然後換上另一個名字，刻意省去凱薩兩字，用「什麼什麼 & 蘿蔓沙拉」的食材式命名法，去做出一個「不是凱薩沙拉的凱薩沙拉」。

菜單上一定得有一個以蘿蔓為主的生菜沙拉，這我是明白的。那代表了安全感，代表了基本盤，代表了你的廚藝之於蘿蔓這樣常見的素材，能展現出什麼樣品味以及手法，讓大家可以在沒得選擇的時候有個老面孔可以安心，可以知道自己還能明確吃到一個有別於傳統的那個「凱薩沙拉」。多年的現場服務經驗告訴我一件事，關於「沙拉」與「蘿蔓」，大多數客人是沒在管你叫什麼名字的，因為到最後他們還是會一看到蘿蔓生菜，就會直覺去叫它做凱薩沙拉……

「哈囉，可以給我一個**這種**凱薩沙拉嗎？」

嗯，大致上就是這樣的。

🧄 凱薩沙拉的關鍵美味魔法

凱薩沙拉如果想得深入一點，其實可以稱它作超級沙拉都不為過。真的是超級。想想它的無處不在。從超商到飯店西餐廳，從平價餐館到高級牛排館，從居酒屋咖啡廳再到 Buffet 自助餐檯上面，再從義大利餐廳到各種不同的美式餐廳日式簡餐與迴轉壽司店，你一定都會發現凱薩沙拉醬與蘿蔓生菜的蹤跡，也一定都會有不小的機率看到它一次又一次的出現，在一本又一本不同餐廳的菜單裡頭。

而這沙拉是什麼時候在台灣流行起來的？不可考了，但絕對是和經濟起飛與崇洋媚外的年代息息相關的。想想看這沙拉從 1924 年在墨西哥被發明直到現在已經有一百歲的資歷了，竟然可以在遙遠的地球另一端這個叫做台灣的小島上成為大家都知道的一項蔬菜沙拉代名詞，是不是？這真的是一項非常了不起的人類料理成就。

所以在定義我們的新台北與家常菜時，我仔細想想，有了鹹水雞沙拉這種新經典，那何不直率一點也還給大家一個真正的，沙拉老經典？一盤好吃又到位的凱薩沙拉？

Why not ？
而且會點來吃的人，一定也不會少。

我常形容家常菜的概念就是**你家有酸菜白肉鍋，我家也有酸菜白肉鍋，只是你會加蛤蠣，而我愛加牡蠣。**所以放在這個議題上就是**你有凱薩沙拉，我也有凱薩沙拉，但我們的沙拉醬，就是比你家的更好吃。**是的，凱薩醬之於這款沙拉，是絕對的重點。所以我們在製作蛋黃醬的部分就

刻意做得稠了點。這會使味道更黏著更集中在嘴巴裡。然後以芥末子與黃芥末去增添「酸鹹」、以烏斯特醋和 Tabasco 辣醬去「放大口感」，接著加入大量蛋碎、鯷魚、酸豆、大蒜，以及現刨的帕馬森起司，使鹹度在酸度與嗆辣的層層相加下，更自然更有結構更有令人喜愛的濃郁飽滿。

關於凱薩沙拉之於風味呈現，其實蒜頭與帕馬森起司都是必要元素，而所謂魔法就是在於剛剛那些食材的全部加總之後，會讓這醬汁變成一種惡魔沾醬，會令人上癮，會讓人覺得吃再多都不為過的那樣著迷（甚至喪失意志，忘記減肥與飲食控制）。

貓下去特製凱薩醬

🧄 既赤裸又不做作的真正家常菜

不過對我們來說，真正的手法展現倒是在後頭。對於我要的家常，如果是個凱薩沙拉，就必須要有「程度」上的不同與創造。但規則是要維持原始論述，要盡可能化繁為簡，要出菜快速（這很重要），但更要呈現出一種單純直接的好吃。

沙拉內容就只有蘿蔓沒錯，但配上用黑橄欖喬巴達麵包與大量奶油烤成的麵包丁，就是獨家亮點，接著只要將兩者均勻混合、撒上調味，擺進盤子，再將凱薩醬以類似小朋友畫畫的手法「醜醜的」蛇行擠在沙拉上，就行了。是很刻意的讓它有點笨拙，但也真的，沒什麼要附加的花招與裝飾。

而這就是一道你可以吃到乾淨生菜、香脆麵包丁，然後又可以吃到凱薩醬汁那充滿爆發力美味的蔬菜沙拉；也是可以吃到層層滋味而不會感到膩口與厚重的凱薩沙拉。我讓它成了我們的樣子，我們的家常菜，而這就是我要的。如果有那麼一點點被西餐影響過的痕跡在貓下去這家我所工作的餐廳，我會希望接下來的西式食物，都可以如這般模樣來赤裸呈現。

也就是不做作了。
也就是別擔心了。

不管如何，我們還是會把你我都喜愛的那個凱撒沙拉，妥妥地穩穩地，放到菜單上。

因為我們知道，就是知道，凱薩沙拉代表的幾乎是（或許肯定是），大家心裡面最容易感到安全也不用太猶豫就能選擇的，一道經典的沙拉料理了。

至於要不要搭配其他的好料，我會說，吃個凱薩再配個炸卜肉，可能，是最棒不過的了！

關於沙拉是什麼？

我從 *Garde Manger: The Art and Craft of the Cold Kitchen* 這本食譜中，翻譯節錄了四種經典沙拉。

🧄 綠葉沙拉 GREEN SALAD

經由挑選適當的綠葉蔬菜，並搭配合適的醬汁，沙拉可以很廣泛去創造出搭配菜單的菜色，比方，清爽可口的奶油萵苣搭配檸檬油醋，或是開胃的苦味葉菜配核桃、藍紋起司，再淋上雪莉油醋汁。

🧄 蔬菜沙拉 VEGETABLE SALAD

運用蔬菜去做沙拉有很多不同的特別方法，有簡單有繁瑣，有生吃有熟食。生的蔬菜做沙拉，調味需要時間，才能把兩者合而為一；烹飪過的蔬菜，不論是用何種方法煮熟，比方根莖類，大蔥與洋蔥，或是馬鈴薯，則記得要去除水分，趁熱拌上醬料，蔬菜才能快速吸收調味；至於花椰菜或豆莢類，要小心加了酸之後會失去原本鮮豔的顏色，記得維持在冷卻但又具有新鮮風味的狀態下，調味醬汁可能會讓結果好一點。

總之，小心別讓蔬菜的水分稀釋了醬汁。

🧄 複合式沙拉 COMPOSED SALAD

複合式沙拉又有翻譯作主菜式沙拉，呈現上通常是整齊地分別把食物好好擺進盤子裡，而不是把所有東西都混合一起再行盛裝。所謂主菜，可能包含了炙燒過的雞肉或蝦、一份起司或烤

過的蔬菜等等，通常都還會再搭配一些綠葉沙拉在盤子裡，所有東西一定都已經調味過，並且包含裝飾。某些複合式沙拉會組合了層次鮮明又富含對比的顏色、風味、口感、尺寸與食用溫度，另一些則可能需要維持食材組合的調性一致，好讓整盤沙拉呈現一個完整主題。

這類沙拉沒有特殊的規則與限制，但在製作上還是有一些細節需要注意：

· 讓食材相加起來好吃。層次鮮明的組合會是迷人的，但衝突的風味則會是場災難。
· 層層相加的顏色與風味能讓這道菜加分，但大體上來說好東西就是夠了就好，千萬小心不要過頭。
· 盤子裡所有食材都該有單獨好吃的存在；而最棒的結果當然是所有食材的相加能讓彼此變得更好吃。
· 食材的組成在狀態與顏色的呈現上都應該保持美感，擺盤記得要具備周全的視覺思考才是。

🧄 溫沙拉 WARM SALAD

溫沙拉泛指將沙拉組合拌入溫熱適中的醬汁來調味與食用。也有另一種溫沙拉的指涉是，把口感涼脆的沙拉，與熱主菜如肉或海鮮搭配，變成帶有溫度的蔬菜來食用。

—— 節錄翻譯自

Garde Manger: The Art and Craft of the Cold Kitchen, 4th edtion
The Culinary Institute of America.(CIA) 著，第四版

7　炸雞（＆從南到北的鄉愁之其一）

炸過的滋味，就是刻在 DNA 裡的絕對美味

而炸雞，和全世界全宇宙全人類史上到處都很受歡迎的食物一樣，
都是因為有人開始吃它，才存在了那個文化。
就像黑人把炸雞列為是靈魂食物（Soul Food），
而我們呢，則永遠都是巷子口市場裡或學校旁的那間阿亮或是
台灣第一家鹹酥雞。

常常會想要吃炸雞，算是種壞習慣。

明知道會胖，但就是想吃，也無法控制，就算正處於飲食必須注意的時期，也還是會時不時想要獎勵一下自己，在這麼艱困的日子裡，可以，就偶爾，吃個熱熱香香酥酥的炸雞嗎？

也很喜歡吃鹹酥雞，這是從小養成的習慣。在路邊的攤位，只要一靠近，就會聞到散發空氣中的炸油味與九層塔，好不刺激，好想馬上來一份雞肉與雞皮。對我來說，這是奢侈小吃是沒法忘記的美味 DNA；是小時候只要傍晚能吃上一袋鹹酥雞裡頭有雞肉與雞皮、雞肝與雞屁股，就覺得這一天，不管有沒有被同學弄、被老師揍，都可以安安心心地，好好結束了。

不誇張，在頂呱呱、麥當勞還有肯德基出現以前，在台南老家與高雄生活裡頭的那些鹹酥雞，就是我對炸雞的所有啟蒙與記憶來源。有骨頭的雞肉很折騰，沒骨頭的則永遠都吃不夠；雞皮很脆很油很爽，雞肝就是好便宜十元就能買三大塊再切成一堆小小塊。

炸雞，沒有人會懷疑它的魅力，想想坐在補習班或電影院裡面，只要打開一包滿是炸物的紙袋，沒有人，真的沒有人，會忽視你的存在、會不被影響、會跟著一起跳接到你的那袋可惡的炸物小王八蛋，而無法專心在原本應該要專心的每件事情上。在我小時候，最棒的約會，其實是買了一袋感覺自己很有錢的鹹酥雞外加大片雞排，坐在公園或是任何風景宜人的地方甚至機車上，就著手搖茶與幾瓶啤酒汽水，和對象們一起嗑起來。一口一口，飽餐也話家常，講講幹話也增溫感情。

鹹酥雞之熱門與歷久不衰，讓我現在每每吃到時都還會記起國小三年級的時候我媽為了一個學校的 Potluck（各帶一菜）聯誼活動，硬是從家裡那個小廚房，炸了一堆鹹酥雞塊讓我帶去當作「嗨這就是我家的烹飪程度喔」。

🧄 就算墮落也要大口地吃整塊炸雞

真正開始吃整塊整塊的炸雞，我想是西式簡餐店與連鎖速食店興起之後的事了，也就是我這個年紀的人在小時候都有過的密集發胖期。那是漢堡薯條外加美式炸雞的大雜燴年代。台式西式，從早到晚，想吃的時候只要口袋有錢只要考試一百分，誰都阻止不了你。什麼健康飲食、增肌減脂、肥胖控制，都還不存在人類宇宙的語言裡，反正只要電影裡面雜誌上面美國日本流行吃什麼，我們就跟著開始吃什麼。

炸雞是炸雞是炸雞。一切就開始從早餐店的雞塊、頂呱呱與簡餐店的台式炸雞，再到肯德基爺爺身後的金黃炸雞山，不停被送到了我們還幼小的嘴巴與肚子裡頭。真的爽，如果那時候可以說這個字；再配上超大杯的可樂與奶昔以及檸檬茶。胖，結論就是我真的很胖，在八〇年代的小時候。而那個令人上癮的「炸雞玩伴」，在台南則還有「小南老蘇雞腿

🐾 貓下去「誰拿炸雞來比屌」白金唱片。（2019 年微風信義 Asahi SUPER DRY 快閃店的戲謔裝飾物。）

排骨便當」的炸雞腿，以及南部才有的「小騎士德州炸雞」。那樣的食物與吃法，想起來是墮落也美妙，但以現在我這四十歲男子的身體保養來回想，可真的是美好與恐怖的各種回憶加總（笑）。

會在意炸雞的差異好吃與否，則大概是從十五歲唸大專之後才開始的，炸雞以便當自助餐店形式大量存在我的生活裡頭。當時覺得最好吃的炸雞，莫過於我家樓下便當店那塊帶有腿骨的炸雞，那是外皮金黃酥脆，咬下有胡椒有香甜，內裡有雞汁與熱氣的台式炸雞。和台南小南老蘇那帶有甜味的炸雞腿是有所雷同但又不同，因為外皮更厚更脆，雞皮則是好好的和炸皮合為一體。完美得不得了。

🧄 **在高雄說到下午茶就一定是炸雞排**

而另一個對照則是學校自助餐廳裡頭供應的「打臉雞排」。記憶猶新，因為是真的，大到可以打臉。對於阮囊羞澀的學生們來說，追求的是吃飽與吃爽，倒不是真正吹毛求疵的美味。而那雞排辦到了。沾粉油炸的外衣雖然因為保溫過久而時常變得濕軟，但仍舊熱門得要死，因為一塊雞排可以吃三碗飯，這就是它的最好評語。油氣與濕氣以及雞肉的異常嫩軟（？），這塊我曾經吃了五年的軟雞排，至今仍令我難忘。

說到雞排，則不得不提到高雄的炸雞排，可（能）是全台冠軍。在念書與當兵時期，高雄人所謂的下午茶，其實就是一組雞排加珍珠奶茶或任何手搖茶。每個高雄的學校單位或醫院與軍區旁邊，每個夜市與黃昏市場周邊，你認真去找，一定會有一間熱門的雞排店有人排隊，也隨時有人上門。然後這也造就了高雄的便當店一定也會供應雞排飯，或就是一片可以讓你單點的大大炸雞排。

全高雄便當店最好吃的雞排，我會說是「劉江便當」那塊沾滿地瓜粉去炸的雞腿排。整片雞排裡頭只吃得到一根腿骨，剩下的都是片開的腿肉，剛炸起來的時候一咬下還會從肉與炸皮中間冉冉冒煙（如果沒有燙傷嘴）。鮮美多汁帶有鹹甜與五香氣味的雞肉，混著厚厚的地瓜粉炸皮，口感 Q 脆多汁，好吃得不得了。從少年時代開始固定吃這個雞腿飯至今已經二十多年，現在只要有台北朋友同行高雄，我都會特地去買來當作火力展示給大家嚐嚐，真正的高雄味，關於炸雞排，其實有另一種非主流的存在，而且還是在一家只能算是鐵皮屋的老便當店裡頭。

🧄 烹飪，就是溫度與時間的對價關係

而這個永恆的鄉愁，建構了我後來在貓下去最主要、也最愛的炸雞作法。扣掉美式炸雞那種醃製濃鹽水沾上酸奶（Sour cream）與麵粉去油炸，或是頂呱呱與台東藍蜻蜓（但本地人都吃阿鋐）那種變化版的台式壓力鍋炸法，我最愛的其實就是這種有點日式混雜南部風格的烹飪手法。

先將雞腿切丁，醃製醬油與糖、味醂與蔥薑蒜，然後直接沾上地瓜粉去酥炸。有別於沾上粉漿的脆，這樣的炸法保有了一點地瓜粉的粗粒口感在炸皮，而裡頭的肉則因為醃製，吃來香軟多汁。重點是不會刮嘴、不

會一吃下去就讓嘴巴起水泡或上顎破皮（你懂的），這就是我從南部開始在家做菜、到部隊去煮團膳，再到台北開了餐廳之後，始終喜愛也沒有想更換的炸雞作法。

有點反應出身背景，也有點刻意復古。所以在貓下去，現在的餐廳裡，我們就是持續用這方法去炸雞、去製造我們的記號以及那個關於記憶與愛的，家常底蘊。

若再搭配小黃瓜或佛手瓜做的醃菜，就很有我們的台北新風味。也在每天每晚，一份又一份的，從油鍋到餐桌，不停地餵食著每一個性好此味的大人小孩們，也搭配著各種飲料雞尾酒啤酒與葡萄酒，被當作主食、被當作點心、被當作可口的，下酒菜。

至於炸雞要好吃，真正的祕訣是炸油、是油炸的設備器皿、是盡可能地把外皮炸乾，然後內裡要呈現剛剛好的熟與熱。有時候太多汁則不一定好吃。因為水氣多容易讓炸皮軟。所以美式傳統炸雞是用鍋子在爐子上煎炸，需要花時間，讓厚厚的粉衣變脆，也要讓帶骨的個頭較大的雞腿、雞胸和雞翅熟透。

炸雞其實不是垃圾食物，這個稱號有點因為熱量而污名化了它。其實油炸是人類史上最棒的烹飪技巧之一，也反應了烹飪最基礎的觀念，就是我很愛的名廚湯瑪斯·凱勒（Thomas Keller）曾經說過的：
「所謂烹飪，就是溫度與時間的對價關係而已。」

而炸雞，和全世界全宇宙全人類史上到處都很受歡迎的食物一樣，都是因為有人開始吃它，才存在了那個文化。就像黑人把炸雞列為是靈魂食物（Soul Food），而我們呢，則永遠都是巷子口市場裡或學校旁的那間阿亮或是台灣第一家鹹酥雞。如此，而已。

都好吃、都療癒，都是時不時（忘記體重問題）會想到要吃，而且無可取代的好東西。

台北日子，現在我最愛的炸雞時刻，是早午餐在吃完一盤豐盛的沙拉與水果之後，接著把炸雞當作主食來吃。任何炸得金黃酥脆的炸雞，雞胸或腿骨都好，搭配好天氣與好心情，搭配吃完蔬菜之後的胃口大開，與一杯咖啡或冰茶，不管雞肉出自哪家餐廳，是用紙袋或盒子或直接用盤子盛裝，那個用手就食的滿足感，對我來說，絕對就是生活在這城市的當下，最棒最爽快的一種愜意享受了。

⑧ 五花肉（＆從南到北的鄉愁之其二）

據說沒有吃油脂的話，腦袋是會得老人癡呆的

不用介意西餐的手法之後，
我們就只做大家會喜愛的那種拿筷子就能夾起來吃的五花肉、
做更多的五花肉，
大辣辣地端上油脂與肥肉，
讓自己也讓大家吃得頗嗨又開心，這真的是很奇妙的事情！

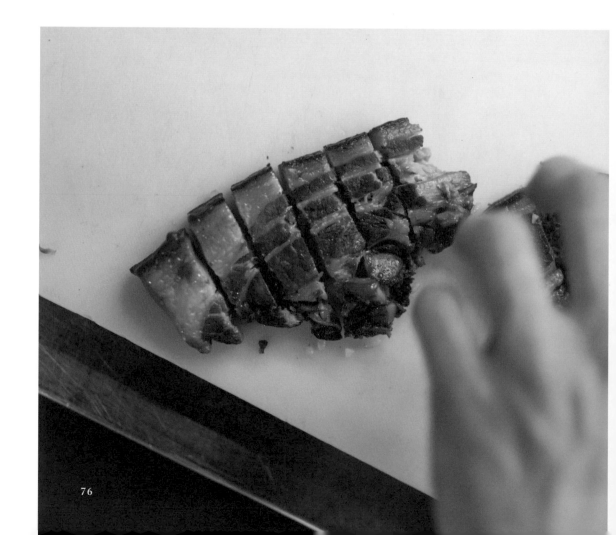

在肥嫩的油花之前，所有減肥的事，都是明天的事。

所有沮喪的心情，都可以暫時當作沒事。所有討人厭的聲音、訊息，嘰嘰喳喳的惱人問題，都可以先忘記，都可以先說沒關係。

嗯，不管是爌肉、魯肉、滷肉、控肉或東坡肉，不管是三層肉或白切肉，這一切的一切，煮的滷的紅燒的烤的炸的，都是豬五花，都是五花肉，都是一輩子的鄉愁以及回憶，都是再怎麼知道會胖，還是要吃上一兩口，甚至配上一兩碗白飯的人生滋味與時不時的想念。

🧄 串聯起家族記憶的五花肉

我愛五花肉。如果你問我最愛的食物與食材是什麼，五花肉，一直都在清單裡頭。

吃五花肉的成長背景是從奶奶在拜拜的牲禮，變成桌上的蒜泥白肉，再到醬油糖水炒青蒜的紅燒肉片，然後是變成了炒麵裡面的條條肉絲。五花肉就像是我的家族成員，從來沒有離開過，即使只是爸爸吃飯想要下酒菜，桌上也都會出現不同面貌，不管肥瘦的，潤口五花肉。

這就像是一種不明說的家族命脈與食物的連接關係。只要看到五花肉，我就會想起奶奶與媽媽、爸爸與弟弟，還有台南的姑姑叔叔以及過年過節的某些片段。不管是在廚房裡或是供桌上，不管是年夜飯或是清明節的潤餅捲。

我愛五花肉，不管如何調味、何種烹飪，也不管是配上什麼菜或飯，甚

至酒，那豬五花只要一入口在嘴裡咀嚼與化開、吞下，都像是上輩子就知道的語言，會和你開始自然而然地製造滿足、信任，讓你知道可以好好吃東西了，讓你知道胃口可以打開，可以開始找到溫暖與自在了。

任何大宴小酌、街邊小吃、自助餐、火鍋店、韓國烤肉、日系燒肉，幾乎每種菜系都有五花肉的蹤跡，也各有味道。尤其是無處不在的五花肉配白米飯，存在北中南部都有的小吃攤，那更是令人無法抗拒的小奸小惡之所在。是不是很常有一種狀況，明明沒有很餓，但碰巧路過了你最愛的魯肉飯，心裡說不但身體很老實，天人交戰之後，最後還是投降，乖乖地坐下來那攤子前的小小飯桌，嗑個一碗再走。

我鍾愛的魯肉飯，是高雄青春期吃了十年有餘的前金市場「南豐魯肉飯」，那紅銅色的五花魯肉、配上酸菜、淋上肉燥滷汁，不用其他配菜，我就能吃個兩碗還嫌不夠（小時候啦）。這是只要回到南國高雄，我就會想著要去溫飽的心之所向。鄉愁。像是一輩子的好朋友，不管說什麼也要刻意繞過去碰上一面，以解相思。

我愛五花肉，就是愛那小小的放縱、愛那個無害的墮落、愛那個油脂水解之後的 Q 彈、愛那個肉熟之後的口感。所以在我工作的餐廳，烹飪與販售的五花肉，就是用蔥薑蒜及鹽水，先低溫將肉煮成外熟內粉紅的八分熟狀態，然後撈起、靜置，以餘溫讓肉繼續熟透自己，接著才分切，冷藏收起。直到客人點了，再以高溫將其烙煎上色，使外表金黃，成為類似韓國烤肉的五花肉。配著紅蔥烏醋就可以直接吃，也可以搭配萵苣與紫蘇變成菜包肉，當然更可以配白飯、配啤酒葡萄酒與雞尾酒，只要你能想得到，在這間叫做貓下去的餐廳裡，都可以讓你點來好好搭配五花肉，去祭祀那座需要被填滿的空虛五臟廟。

🧄 在貓下去絕對物盡其用的五花肉

而這還算是健康的吃法。我們真正邪惡的私房料理、家常作法，在貓下去，是把五花肉切成手指條狀，醃製醬料後，沾上粉漿，再一條一條丟進油鍋裡酥炸至金黃，配上胡椒鹽，盛盤上桌。這原本該是里肌與梅花肉去做成的「炸卜肉」，我們巧妙地把部位換成了五花肉，讓肥油與瘦肉混雜其中，再裹上粉漿外衣，讓你看不出端倪，所以一條一條卜肉吃起來爽快涮嘴，但其實沒人知道，裡頭鮮嫩多汁的原因是把五花肉的肥，用了小籠湯包的肉餡邏輯，默默的，都裹在其中偷渡給你了（掩臉）。

事實上如果像紅糟肉那樣大辣辣地把三層肉炸給你看，就沒那麼迷人了。而我們就是這樣想的。要用烹飪小技巧，外加一點創意，讓炸五花肉的荒唐與美妙，分享給大家比較與品嘗。

我想我的台南奶奶如果還在，一定會對於炸肉不用腰內或漏蘇（台語）肉而去用三層肉，感到叛逆與亂來。畢竟對她來說，那是一塊可以餵飽大家（包含神明）當作主菜的上好豬肉。

而今天如果還能做菜給她吃的話，我會想要把五花肉切塊，與一點冬菜和薑、一批蛤蠣、米酒、一點點酸菜，去做成一鍋五花菜肉湯，再配著飯或白麵線，像是學了日本或韓國的作法，熱騰騰的滿滿一鍋好料，就能令人食慾大開，也可以簡簡單單地換得一餐飽足。

好湯好料。我想就算她還是覺得我亂做，但至少喝一口肉湯就會覺得味道酸鹹裡頭也帶有鮮美，而且真的是一鍋就能餵飽全家大小，無須再拉著媳婦進到廚房裡去張羅整桌飯菜了（笑）。

開始做新台北家常菜這些年，我們在貓下去的五花肉用量，是年年創新高。如果用以前西餐的手法與框架，五花肉能夠運用的菜色其實有限。不管燉或烤、成為主菜或三明治與漢堡內餡、肉派或肉泥，大多時候其實很容易被嫌膩，被挑剔那層皮與油脂的存在。而就在撤去這「西餐」形象（與包袱）之後，我們很像是為自己開了一條更寬廣的路，因為不用介意西餐的手法，就能做大家會喜愛的那種拿筷子就能夾起來吃的五花肉、能做更多的五花肉，大辣辣地端上油脂與肥肉，讓大家吃得爽快又開心。這真的是很棒的一件事情！

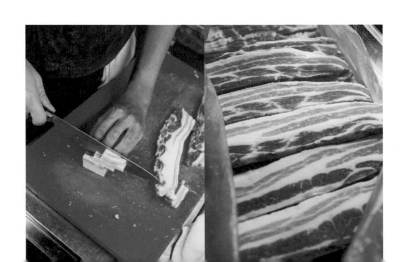

而除了上面說的油煎與炸五花肉，貓下去現在也賣一款以紅燒五花肉為題的高雄風格控肉飯，老實說，沒什麼在推銷，外貌也刻意土土的像是中國城餐館會出現的東西，但不開玩笑，它呢，五花肉變成滷肉或控肉，加上魚鬆與醃製酸菜，再來一顆溏心蛋，那三層肉與油脂加熱融化之後，再隨著醬油澆淋，拌著熱呼呼的白米飯一起送入嘴巴裡，就這樣，每晚看著它自己熱賣著自己，我想，或許，可能，對某些人來說，這就是無上的人間美味了吧？

而我雖然愛吃五花肉但肚子的三層肉也沒真多過。記得，好吃的東西是很好吃啦，但要吃也愛去（台語）運動啦！

9 謝謝《木曜四超玩》

也謝謝 ØZI 和小 ØZI 邰智源的爽吃

 貓下去敦北俱樂部
2021 年 7 月 ·

【謝謝《木曜四超玩》】
謝謝《木曜四超玩》，很會玩，讓 ØZI 和小 ØZI 邰智源，在上週四的節目中爽
吃貓下去，也讓我們從上個禮拜五開始，鹹水雞沙拉每天賣到爆，招牌涼麵每
天賣到飛，炸卜肉賣到油炸機都哀嚎，魚子醬蜂蜜吐司的吐司，切到手都軟。
再次謝謝所有小 ØZI 的粉絲們熱情（盲目）支持照單全點，我們也都能整天好
好出完餐，堪稱不可思議，真的是在疫情降級前，讓貓下去渡過了一個神奇又
瘋狂的忙碌週末。

再次感謝，所有，支持與喜愛，疫情進入新階段，大家，加油！...... **查看更多**

（原文寫於 2021 年 7 月，貓下去社群發文）

10 魚子醬與蜂蜜吐司

所謂家常，怎麼能忘了我們都愛的吐司與麵包？

字面上看來，它是鹹與甜的完美合體。
是會讓我們天生就台、就愛甜的那張嘴，
一吃就停不下來的那種有點壞。
就算你平時不愛美乃滋，
也會因為魚子醬的加持，而願意姑且一試。
這就是把戲。

愛吃麵包，愛吃吐司，愛吃會胖的パン（Pan，ㄆㄤ ˋ），其實一直都是我們在台北生活裡的重要飲食語言。

這パン幾乎是涵蓋了我們整天的飲食範圍。從早午餐到下午茶，再到晚餐與宵夜，各種三明治、漢堡、各種麵包店裡頭鹹的甜的大的小的麵包、菠蘿包、奶油餐包、熱狗麵包、佐餐用的法國麵包與酸麵包，還有義大利式的喬巴達與披薩麵包。真的無處不在，也各有人喜愛。但唯獨吐司與餐包，我認為是在餐廳裡頭吃飯時的必要存在。不只是口感與形象廣受喜愛，這兩種麵包之討喜，一直以來，都能供給客人們許多不同的選擇與膚淺來說叫做療癒的，吃飽也滿足。

所以我們菜單上其實沒有放「開胃菜」這個欄目。在貓下去，菜單第一頁翻開，第一個欄目其實是「點心與麵包 SNACK & BREAD」。而這裡頭涵蓋了薯條、魚子醬與蜂蜜吐司、八塊肌奶油餐包、水餃與抄手等等我們認為整天可吃、分量不大，彼此能夠互相搭配而獨立出來又都是大家心有所屬的迷人小盤菜。

點心，我們是用這個概念來看這個欄目的。吃麵包配點好料，喝杯飲料或來點酒，白天晚上，都可能是懂的人才知道的某種享受，或說一種小小的品味展現。概念上有點像是鼎泰豐將上海小吃給餐廳化，而我們只是反過來將餐廳形式的食物給小吃化而已。

也就是重新找了個方式，讓英文的 Small plate，變成服務的重要概念。

🧄 翻玩貝里尼煎餅的台式新組合

除了薯條,其中尤其以魚子醬與蜂蜜吐司,最為人熟知,也最常在社群媒體上「被」拍照出現。

而事實上這道菜也真的非常稱職的扮演了小點心的角色。以手掌大的吐司盛裝了看似奢華的魚子醬,用手指就能拿起就口,味道迷人,口感可人。是意外也不意外的,從 2018 年將它設定成家常食物之後,就獲得了大家一面倒的拍手好評,是真正多人稱讚少人嫌的一道貓下去吐司麵包新吃法。

這其實是把魚子醬、台式美乃滋、蜂蜜吐司與松露油這幾個看似沒關係但又互有特色的食材,全部加總起來的一款變形菜色。靈感來自使用魚子醬的一道傳統美食叫做俄羅斯貝里尼煎餅(Blinis)。只是小圓餅被換成了小吐司,而酸奶則換成了台式美乃滋。

作法是先把三片兩公分厚的迷你山形蜂蜜吐司烤上焦色,斜切成三角形,放到盤子裡,接著在每片三角形上,把美乃滋像擠花奶油一樣擠上約莫硬幣五塊錢大小的形狀,以湯匙擺上黑色魚子醬,像是為擠花做裝飾,最後滴個幾滴義大利松露油再刨上白胡椒,就這樣,趁著麵包還有餘溫,就可以上桌。

製作上的困難是每天每晚都要出非常多份,而每個內容物都得上秤計量才能維持口味一致,所以考驗著製作速度與上桌時的溫度。這和薯條一樣,點心的概念,就是得出餐快。

🧄 窮小子也能耍拉風的奢華點心

當然這裡頭還是有點自知之明的，是因為找到了價廉的德國魚子醬，所以才能設計出這道價格平實，讓窮小子也能耍拉風的奢華點心。而乍看簡單又帶了點高級的偽裝外表下，則是一堆討喜符號的元素加總。字面上看來，它是鹹與甜的完美合體，是會讓我們天生就台、就愛甜的那張嘴，一吃就停不下來的那種有點壞。就算你平時不愛美乃滋，也會因為魚子醬的加持，而願意姑且一試。

這就是把戲。把黑白相間的魚子醬與美乃滋用抹刀推開於吐司，你會先被松露油的香氣給吸引，一口咬下，則會被魚子醬的鹹給刺激咀嚼，開始吞嚥，最後則是因為台式美乃滋那充滿熟悉感的甜包覆了味蕾，而得到舒服的著陸。再加上吐司烤過的蜜香，一股心滿意足，就這樣被放進了專屬的味道記憶裡。

這算是意外成就的新鮮事與新奇感。是魚子醬結合美乃滋變成吐司抹醬的新吃法，是受歡迎的程度甚至還被我們拿來與麥克雞塊組合，讓它變成了一種「奢華的雞塊沾醬」，讓客人們可以自己去麥當勞買來雞塊，酌收一點工本費之後，就可以讓大家在餐廳破例吃一盤美味又吸睛的「魚子醬與麥克雞塊」。

這不能說是發明。我覺得這只是重新發現與翻譯某種食物語言，然後放進了用餐空間裡。

有點像是英國藝術大師大衛‧霍克尼（David Hockney）敘述關於繪畫風格的詮釋。我們其實也是持續從曾經存在的某些既有食物，去重新組合出好吃的新風貌甚至是，新的被使用方式。

但這確實是很貓下去，很我們一路走來的方式。用很台北的折衷，很家常的創意，去表達對於熟悉食物有過的某種愛，也藉由不複雜的自成一格，做出一些世界上只有我們才有的，美味食物。

而且都還是不自覺就能讓你一吃上癮的。

11 八塊肌＆奶油餐包

以形補形，給愛呷パン的台北人

每一口麵包都配上一口黃黃的奶油與紅紅的果醬，
接著「啊姆」的一聲放到嘴裡，
世界再紛擾，那當下，你的心裡與腦袋，都只會是一團和氣，
充滿寧靜。

而關於台北餐廳少見的奶油餐包，我完完全全，沒有想要，謙虛的意思。

我們和高級食材商苗林行所屬的烘焙坊「Boulangerie Le Gout」所共同開發的這外型八顆為一組、有點像是腹肌的奶油餐包，大致上，就是我目前在台灣吃過，用料最好、口感最棒，運用度也最廣的一款手作奶油餐包了。

嗯，自己說了算是有點不要臉，但對於愛吃パン（Pan，ㄆㄤ ˋ）的人來說，這款餐包除了外型可愛，還具備了很多會讓人愛上的討喜元素。最主要是不油膩，用上純奶油而沒有酥油，口感軟 Q 有濕度，吃來乾爽也感覺健康，不管是微波或回烤，冷藏或常溫，都很好吃。

🧄 一定有過吃著餐包期待某種事物的時候

我常在想，會不會有人也和我一樣，會時常在某個牛排簡餐館吃飯的時候，想起有個軟軟香香的奶油餐包，能夠一口接著一口，配個酥皮濃湯或冰紅茶，然後期待著等等還有主餐上桌的那種孩童時刻？

就算後來鐵板上桌的時候濃煙四起，荷包蛋底部還燒焦難嚥，但餐包與美好，對我來說，大多數時候就是在這樣的回憶裡頭，黏在一起、密不可分的。所以有人會不愛奶油餐包的嗎？當然有，但沒關係，因為你不吃，同桌的我一定會搶著把它吃完（笑）！

而那些舊日的奶油餐包，卻也多是廉價的便宜貨甚至是不堪入口的。大概就是你已經可以想到的，眼下那些吃到飽牛排連鎖店還在供應的勞什子。那個算是幻滅的成長過程我們就不提了。而傳統パン店那些底部與

表面油亮到像是在外工作一整天都沒有擦臉的酥油餐包，是可能有好吃一點、有人味一些，但也總是瀰漫著一股舊氣與哀傷，一種可能會愈吃愈胖的恐慌……嗯，如果你懂。我們也愛這味，但就覺得還是別再拿肚子上的皮製游泳圈繼續開玩笑下去了吧（摸）。

所以播上一段哆啦 A 夢拿出寶物的配樂，看看在貓下去會端上桌的這份「八塊肌奶油餐包」。

我們堅持麵糰與奶油必須是手作與天然，口感則要 Q 彈又綿軟。是要常溫可食，也經得起烘烤；是麵包底部不會有一層膩口的厚油，而拿起來手指頭是舒服的乾爽。標準吃法在貓下去，是搭配一種「沒有龍蝦的龍蝦沙拉」，變成有點類似波士頓地區的海鮮配餐包（bun）吃法。只要用手指把餐包扒開、把沙拉夾進去，一口咬下，大多數時候都能讓傷心的人眉開眼笑，都能讓飢腸轆轆的人，瞬間得到救贖。

而關於八塊肌的名字來由，其實是譯自英文 8 packs，是八顆為一組的意

思，但如果你誤以為能夠以形補形吃肌補肌，那……我們也是樂見其成，反正餐廳嘛，客人開心，我們就開心。

而這個餐包確實也已經成為貓下去的情感符號之一。因為它與我們一起熬過疫情，也和我一起練出腹肌（不是），更多時候是這餐包在疫情中，成了貓下去很熱賣的外帶食物。

也因為太熱賣，烘焙坊那邊常常會做到叫苦連天、舉旗投降。而我們則是盡可能地安撫客人，因為顯而易見的，這個老人小孩都喜愛，澱粉狂更是瘋狂溺愛的餐包，是不用解釋就會讓你好吃好吃一直吃的好東西，也是貓下去一貫推出的那種讓你用很低的期待，最後卻能得到很高報酬的美味食物。

🧄 世界上最爽的奶油餐包享用法則

至於「沒有龍蝦的龍蝦沙拉」則是整個餐包的服務延伸，是重新組合與翻譯，一種關於常見的、存在平價迴轉壽司的那個粉紅混雜白色泥狀的「龍蝦沙拉」。我們運用火鍋海鮮食品、常見的蝦丸魚板等等產品，經過油炸、剁碎，再佐以美乃滋、綠芥末與 Tabasco 辣醬的混合，只要一口吃下，你就能坐在台北，想像波士頓地區吃龍蝦沙拉配餐包的那種爽感了（可能還更爽）。

個人則建議，如果貪吃、如果懂吃、如果貪圖享樂，按照私心吃法，是在餐包旁邊配上大量的奶油與草莓果醬、撒上鹽巴與黑胡椒、擱上一把奶油抹刀，然後每一口麵包都配上一口黃黃的奶油與紅紅的果醬，接著「啊姆」的一聲放到嘴裡，世界再紛擾，相信我，那當下，你的心裡與

腦袋，都只會是一團和氣，充滿寧靜。

嗯，而這就是我覺得大家都會愛的那種點心。那種不用解釋就能自得其
樂的吃完好開心。

這是只要走進貓下去坐下來，吩咐服務生你要來一份那個奶油餐包，就
會得到一個「你懂喔～」的表情徽章與身分認同。

就是我們的自己人，愛餐包的人，愛呷パン的人。
就是知道我們也拿這餐包來做漢堡、做三明治，做出只有我們家才有的
好吃食物的人。

沒有龍蝦的龍蝦沙拉
是類似迴轉壽司裡頭常見的那個東西。是的，我們也很愛。也因為賣不起
有龍蝦肉的龍蝦沙拉，所以決定折衷來做一個比較好吃的「沒有龍蝦的龍
蝦沙拉」。

關於「沒有龍蝦的龍蝦沙拉」可以 Google 搜尋，這似是而非的運用，真
的是有點，台灣精神，是滿有意思的小創意。以往這個沙拉是用美乃滋與
各式紅色白色的魚漿製品，再加上蝦子成分的調味，去製成那個軍艦壽司
上面常見的蝦沙拉。而我們用了滋味不錯的鱈蟹柳、蝦片、蝦球，水煮之
後再油炸，切成丁，與美乃滋和芥末一起調味，就成了搭配奶油餐包的那
個「沒有龍蝦的龍蝦沙拉」。

記得加上大量 Tabasco 辣醬，更好吃！

12 一則關於麵包的社群發文

疫情中的全民吃吐司運動

 貓下去敦北俱樂部
2021 年 10 月 · 🌐

【蜂蜜吐司 PB&J】
全民運動疫情中,是吃吐司。
到處都有吐司,熟的說成生的,白的做成多彩的,味道做成各種變化的。

貓下去也有招牌蜂蜜吐司,平常用來做三明治,十分出名,舉凡總匯培根蛋 BLT、炸排骨、烤豬排、炸雞排,不管什麼夾進去,好像都自動自發,就頗受客人歡迎。

整日營業後的貓下去,刻意為了麵包迷,提供更簡單的佐餐選擇,或說是整天都可以吃吐司的好方法,單點一份烤吐司,配上花生與果醬,有點美國吃法,但美國沒有蜂蜜吐司,所以我們的方法,黃色夾紅色,吃起來比電動車上市還要令人感動。

身為一家稱職的餐廳,怎麼可以沒有好吃的麵包?所以為了廣大麵包迷,我們在菜單上,有放進了這道單點的無聊小吃,是早午餐與點心時間必須的吐司配花生與果醬。喜歡可以來外帶整包回家,當早餐也帶野餐,當下午茶也可以煎成好吃的法國吐司。

宅配請洽資訊頁,撥電話就搞定,疫情中的貓下去麵包組,已經服務了好幾千組到全台各地,給我們的許多,澱粉中毒的老客人們。

備註:PB&J 是 Peanut Butter and Jelly 的縮寫,在美國是專有術語,有興趣,請自行 GOOGLE。...... **查看更多**

（原文寫於 2021 年 10 月,貓下去社群發文）

I3 真的是，很愛用煉乳的一家餐廳

既定認知要先放一邊，才會開始有各種新的可能

甜裡有鹹，會讓甜更美。而鹹裡有甜，則讓口感更有韻味。
麵包與滑蛋與煉乳，就是用這樣的調味邏輯，使其交融，
讓這個簡簡單單的家常味，
有了更不同的小智慧與變通之後的故事在裡面。

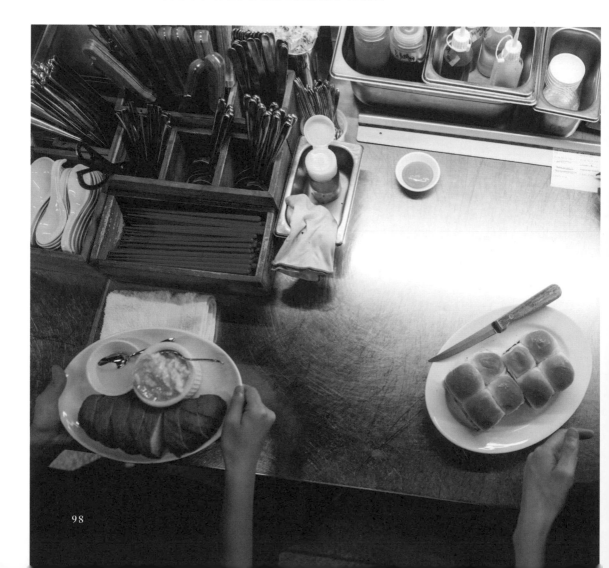

在台北吃飯，任何時刻，只要桌上出現了炸銀絲卷沾煉乳，大概都能讓大家不分年紀男女老少的，哄搶成一團。

金黃色的炸麵粿，配上濃滑香甜的白色奶乳，再怎麼餓與不餓、再如何多的減肥理由，都只能暫且放下，先夾上一塊放進嘴裡，先吃了，再說。

說真的，重點可能是煉乳，而不是銀絲卷。只要有煉乳，不管是炸年糕炸麵包或是炸湯圓，可能也都會被大家一口一口沾著沾著，就直接吃乾抹淨了。

煉乳配著炸物，是有品味、是懂享受、是討好人的、是知道我們最脆弱的就是那個對於甜與奶的溺愛與喜好的。

於是這些年，執著於做自己的風格家常菜，就再也不想有所顧忌地開始使用大量煉乳，在許多大家想都想不到的地方。比方加在了炒蛋裡、做成了辣醬、用在披薩上，以及大辣辣地讓這個原本只能用在飲料與冰品的罐裝乳製品，成了餐廳必備的食物符號。

加入台北味的炸麵包震撼教育

2018 年我們先把貓下去經典的「松露奶油滑蛋與炸麵包」改成了「煉乳滑蛋與炸麵包」，為的是去西化、為的是加進了台北味、為的是有天或許可以去到紐約，做這道融合風格極為強烈但是又親切到近乎可愛的無敵菜色，給所有愛吃奶油與蛋乳製品的老外們。

這會像是用一道菜來給他們一次亞洲台灣的品味震撼教育（認真）。不

開玩笑，我真的是這樣想著才做出這道菜的。用松露醬與奶油去炒蛋是大家都愛的路數，但實在太假掰了，也沒有真正特別之處。

常年做著這道菜令我生厭，而且成本極高，我們唯一不同的手法是搭配來自台北最老牌法式烘焙坊「珠寶盒法式點心坊 boîte à bijoux」的「維也納軟式法國麵包」去油炸，所以其實是麵包有特色，而不是滑蛋，所以我想解決這個問題，想要做出一道真正像是貓下去才會做的，滑蛋與麵包。

窮則變，變則通，幾乎所有家常食物都有這樣的脈絡在裡頭，就在苦尋不著新的滑蛋風味可以用來搭配炸麵包時，那個蛋液裡頭原本就添加的鮮奶油，讓我想到或許可以將滑蛋再加入煉乳，讓豐滿更豐滿，讓眼睛看不到的一股香甜，去為這道菜帶來意想不到的口感與效果。

所以作法是在鍋中融化奶油，加入蛋液，小火加熱至微微凝固成為滑順的嫩蛋，接著擠入大量煉乳、撒鹽，刨上現磨胡椒與茴香籽，通通攪拌至均勻發亮，就行了。待麵包炸好，附一盅滿滿的煉乳滑蛋在旁邊，並多給上一碟煉乳，就能上桌了。

是的，還要多給一些的煉乳，並且要撒鹽，這會讓沾著麵包吃的時候有鹹有甜，讓滑蛋擺上麵包之後，還可以再淋上一點奶，爽上加爽，吃來就會更具深厚的痛快滋味。

甜裡有鹹，會讓甜更美，而鹹裡有甜，則會讓一切更有韻味。麵包與滑蛋與煉乳，就是用這樣的邏輯，使其交融，使這個簡簡單單的家常味，有了更不同的小智慧與變通之後的故事在裡面。

而運用大家喜愛的味道符號去加總組合，唯一要挑戰的是認知，是大家一開始聽到的陌生，會在心中產生的小小芥蒂。但剩下的就只是相信自己的品味，然後用力地把菜推出去，如此而已。

炸過的維也納麵包、鹹鹹甜甜的奶油滑蛋與大口大口的煉乳，這就是一個台北餐桌上的新風景，在我們餐廳裡頭，每天每晚，持續被歡樂與微笑的嘴，給吃到肚子裡面去。

🧄 蛋餅披薩，來自對甜的純愛

而煉乳與蛋也成了一個套路，開始運用在全新的披薩產品上。名為「蛋餅披薩」的荒謬之作，就是在蛋與煉乳這樣的交雜之中，所誕生的。

熟蛋碎、煉乳、切達起司（Cheddar）與莫札瑞拉起司（Mozzarella），將這四樣東西同置於披薩餅皮上，送進烤箱加熱至滾燙合體，就成了。

開發這道食物，一是為了解決菜單上沒有蛋餅類料理（比方蚵仔煎蛋）的問題；二是純粹就愛用煉乳（握拳），所以突然發現這個組合可以用來做成披薩時，開心到一個不行很想把自己給貓下去。於是所以，後來乾脆一不做二不休，直接拿煉乳與砂糖，再撒點鹽，烤成了一個表面看起來很像葡式蛋塔、但吃來更具點心風格的「煉乳披薩」。

成果真的是好吃到一個不行～（淚）。
連一個小孩子都能自己嗑掉半張還不嫌多。

這兩個聽似邪門歪道的披薩，加上原本的臘腸與培根口味，現在都成了菜單上的熱賣食物。我想因為我們是用做「餅」的概念來製作披薩，運用原本廚房設備的烤箱與煎台，目的是做出一張讓大家都會愛吃的披薩「餅」，就好。

所以不管是餅皮或是餡料，不管是鹹或甜，想著的都只是要給你一張直接好吃的「餅」，如此而已。並不是要去追求道地的拿坡里、美式或日式那種大尺寸又薄皮的窯烤披薩。

我們愛吃披薩、愛吃麵糰、愛吃餅皮，也想表達這件事情在烹飪上，所以不論是基本口味或是兩款用煉乳調味的「ㄅㄧㄤ」作，都是這樣概念下的產物。

都只是藉由想像力、品味與自信，去改變認知，去運用我們對於甜的純愛，做出家常，做出我們認為可以分享給每一個客人的，新台北料理。

🧄 辣中帶煉乳香的甜辣醬

煉乳。以及新味道的開發。

如果再大膽一點去想像、去觀察，去試驗與犯錯，像是藝術創作那樣，終究會帶來新的作品，會帶來新的風味象限與使用方法。

關於煉乳的另一篇章，是把它用在了沾醬的甜味與稠化上。結果也諷刺性地做出了兩款辣醬，對應整個餐飲市場上各種五花八門的辣醬，用著來自世界各地的辣椒花椒，或是某個神祕家族奶奶或媽媽傳下來的某些祕方，我們的訣竅，其實就是，加煉乳而已（笑）。

煉乳、魚鬆、花生辣醬，用了這三種東西去調配了一個有點像是義大利鮪魚醬的辣醬，專門用來沾卜肉與炸排骨。它是甜裡有辣，辣中有甜，還有魚鬆的鹹與鮮，邏輯是讓炸肉的沾醬有個與炸物相稱的濃厚感，有個不同於傳統炸物只能配上番茄辣醬與蘿蔔泥，或是醬油膏混綠芥末這般調味品而已。

煉乳、烏醋、辣油與芝麻油，則是為了「麻辣薯條」特製的辣沾醬。企圖是用甜去結合花椒與辣椒，用酸去平衡整體口感。有別於薯條沾番茄醬的既定方式，這個沾醬讓麻辣薯條也有了與之相稱的「甜辣醬」來做為搭配。

以結果來說，兩款煉乳辣醬接受度都很高，也廣泛使用於貓下去的其他菜色上。但煉乳與辣醬這原本不相干，但放在一起倒也不奇怪的兩種東西，就真的成了很我們很貓下去的一種台北新發現了。

關於煉乳，我們所使用的是標榜鮮乳製成的老字號「Nestle 雀巢鷹牌
煉乳」。

I4 是義大利麵也不是義大利麵

但保證義大利人也會愛這台北才有的美味

真正的重點是，

我們為想吃義大利麵的人找了一個解套的投射物，

烹飪時間也快上許多，更多的是，

為自己的創作與家常菜，多添增了一份在義大利麵的獨家詮釋。

雖然貓下去目前不太做義大利麵了，但對於義大利麵的愛，那個代表著一路走來的痕跡，倒也沒有真的被我從菜單上給抹去。尤其是在台北，我們生活周遭，其實就是有這樣多人、時時刻刻、時常想到，需要用一盤義大利麵來填飽肚子的飢餓與心底的莫名渴望。

🧄 所謂食物，即代表了自己的出身與城市的意念

真要說義大利麵是生活在城市必要的食物也不為過。想想看每個食堂與夜市牛排，或是你可能都吃過的營養午餐，再到坊間各種形式的洋派餐廳，義大利麵，根本無所不在（連7-11都有在賣）。而在家裡，如果勤於廚事，也是只要想到就能自己去準備材料，然後煮個醬或炒個料便能完成的家常食物。扣除掉些許崇洋心理，我想義大利麵的普及與受歡迎，除了烹飪邏輯簡單、健康，容易吃得懂之外，似乎是因為它就叫做「義大利」麵，所以不知道為什麼聽起來就好像是比較好吃的食物……（攤手）。

但我不再讓餐廳供應義大利麵，卻是因為過於費時與費力。

煮一鍋水、加入鹽巴、丟入麵條；再熱一只鍋子，以橄欖油炒配料，加水或酒，加進紅或綠色醬汁，煮滾熱開，再將煮至彈牙的麵條撈起與醬汁拌合，撒上帕馬森起司與其他佐料，就成了。

看似短短一段話，就可以把需要花上十至十五分鐘完成的一份義大利麵說個簡潔扼要，但想想要在餐廳的廚房裡頭現煮麵條與烹調醬汁，要一份一份地分開做，長年下來，顯而易見，那除了會在尖峰時間壓垮廚房火線，還會讓裡頭的廚師每天每晚都如熱鍋上的螞蟻。想想一個小時內就要做上五十份的義大利麵，要用多大的煮麵鍋與多少鍋子去熱醬汁，

然後還要有人洗鍋子、有人顧著計時器,並且還要拉開耳朵去聽著哪一份麵要先走、哪一份麵要 Stand by(預備)呢?

貓下去的成名作當然是很會做義大利麵,但過了七、八年這樣勤奮的爐上工作之後,我自認再怎麼做,都不會比一個義大利人就站在店門口的那些餐廳還要來得道地與獲得好評(是的)。

所以 2018 年開始新台北家常菜,很大部分原因就是要揮別義大利麵的愛恨糾纏,轉而回來擁抱平時自己會愛吃的台北麵食。那是那時候必須要的不得不。尤其是我去了一趟紐約玩了七天,吃了每一家啟發我的義大利餐館之後,那個必須要做出自己的麵食,必須要能代表自己的出身背景與所在城市的概念,就已經在我的腦袋裡根植發芽。

於是不只有涼麵,我們也開始做油拌麵、做烤鴨與花椒腐乳的燴麵、做仿擔仔麵風格的 XO 醬拉麵、做海陸總匯鍋燒意麵,做牛肉咖哩烏龍麵與澆頭麵。我們做了很多麵。很多用中式刻花龍碗盛裝的麵。有很多人開始喜愛,但也有很多人會說,那什麼時候要回來做以前的義大利麵?

🧄 來做份可能會被義大利人痛扁的混血義大利麵吧

當然貓下去的廚房裡,還是用著類似義大利麵的烹煮邏輯在做著麵食、熬煮著高湯做著醬汁,而私底下呢,也還是會煮義大利麵來當作員工餐以及宵夜。這倒是一直沒有停過的傳統。我剛剛說過,再怎麼樣都不能忘了來時路。

時間來到疫情爆發前的那一陣子吧,某天不知怎麼了,突然興致來了,

當廚房又在討論義大利培根蛋汁麵（Carbonara）怎麼做時，一股靈光乍現，我決定把蛋汁麵與另一個知名的黑胡椒乳酪義大利麵（Cacio e Pepe）合在一起來做個變化，並混血一點台北元素，來嘗試做個可能會被義大利人痛扁的重組與改造。

起司與乳脂肪、純粹的油與蛋、鹽與胡椒，煮麵水，這些就是上述兩款經典義大利麵常見的食材內容。於是我們將麵條換成與涼麵同款的雞蛋麵，現煮快燙，拌上起司與鮮奶油和雞高湯混合而成的醬料、大量黑胡椒，接著盛碗之後，再置上大量水煮過的培根絲、一顆73℃的溫泉蛋，最後淋上大量自製紅色椒麻油與蒜油，就這樣，組成元素的本質都有些許近似，只是經過了貓下去的（自我）理解，變成了完全不同的一「碗」麵，也成了疫情爆發後熱賣到甚至得了個獎（500盤）的一道「是義大利麵也不是義大利麵」。

如果說有作弊還是誤用邏輯倒也不盡然，我只是回頭從以前西餐中做的烹飪思考裡，去反轉義大利麵元素，變成中式語彙來表達。比方我認為培根煎過不好吃，水煮再切成肉絲狀才美味；而培根煎出來的油脂很黏膩，換成了椒麻紅油與蒜油之後，口感層次明顯輕盈許多。真正的重點是，我們為想吃義大利麵的人找了一個解套的投射物，烹飪時間也快上許多，更多的是，為自己的創作與自己的家常，多添增了一份在義大利麵的獨家詮釋。

至少自己人與客人們、高端餐飲的廚師友人們，都很熱愛也肯定這個麵的新解。

而那是一個印有紅色貓下去商標的刻花龍碗，只要將裡頭的蛋、培根，以及所有醬料好好地與麵條拌勻，就可開動朵頤的台北（才有的）美味。

獨創紅油培根蛋汁麵
Red Hot Carbonara（Egg, Bacon & Noodles）
現煮雞蛋麵、特製紅油、雞高湯、蒜油、奶油、培根、胡椒、帕達諾起司、溫泉蛋

—
「比義大利麵好吃」
菜名下面我們刻意附註一排小字，是帶了點自信的小宣言。
而在麵上桌的時候，我們也都會再三提醒客人：
記得趁熱吃，最好吃！
（當然如果想要換成義大利麵條也可以吩咐，也一樣，都好吃！）

15 台北第二好吃的排骨飯

用食物給你我，一個新的集體記憶

至此，在貓下去供應的澱粉主食已經進入了一個嶄新境界，
是做到真正的沒人與之相同、多重混合，卻又渾然天成。

現在我們那個被稱為「台北第二好吃」的排骨飯，在台北諸多排骨飯迷心中，儼然也算是一個經典名號了。

我想除了排骨是用粉漿酥炸、很大很厚很好吃之外，最主要的，應該是因為這個排骨飯，不是常理認知的那種排骨飯。這裡的飯，是以雞高湯、加入榨菜與酸菜、鰻魚，再與煮熟的白米飯、一點點台南新高滋養醬油，一同去快速燴煮而成的一盤「燴飯」。但不是燉飯，不是義大利燉飯的改編與形象挪移。這是以芝麻油與上述材料去加熱結合，可以一鍋到底快速出餐符合餐廳服務標準的一道貓下去的家常、台北唯一，湯飯料理。所以說是快燴，英文則附註解釋為「Hot Pot Rice」。

🧄 打造新一代集體記憶的排骨飯

起心動念，端出我們的排骨飯，其實是想打造一全新的「集體記憶」。而這就是我對於新台北家常菜裡頭的「新」、「台北」，與「家常」與「認同」的核心論述基本教義。關於某處的食物、關於食物的場景、關於一家餐廳，一張餐桌可以給予的溫度感動、可以做到的歷久彌新，甚至長遠經營，並藉著討人喜愛的美好味道，讓一代又一代人，能夠持續上門，能夠繼續有機地長大，關於這個城市裡頭的所有特別記憶。

畫面回到一盤排骨飯。我們的排骨飯，其實就是決定不再做西餐之後的一場反動與向前走。是去掉舊日的西餐框架，但仍保留西餐手法；是抹去西餐的既有形象，但留住了我們的過去痕跡。一樣是用高湯煮飯，但沒了燉飯需要的奶油與起司、白酒與橄欖油。而味道則是關於一盒排骨便當裡頭的肉與配菜、爽快與滿足的轉化呈現。藉著發酵的酸菜與榨菜、油漬的小小鰻魚碎，這盤飯吃來極簡又富有滋味、趣味也耐人尋味，配

一口切成條狀的炸排骨,有軟嫩有肉汁有酥脆,再一口濕潤的飯配著菜,有吞嚥有咀嚼,這之間的一口一口,就成了你一吃就知道與記得,這裡有別人都沒有的,排骨飯滋味。

菜單上的欄目,寫上的則是「燴飯」。是以手鍋烹煮的澱粉主食,是化繁為簡的老味新作。並以此為概念,也延伸做了海產攤風味的「炸小卷三杯飯」,以及那個始終存在校園記憶、平價快餐店都有的一道「牛肉咖哩飯」。

而這對我來說形成了一抹小小的菜單與餐桌風景,更是不小的一項成就。當客人進到餐廳都不再提起燴飯,而是直指排骨飯或小卷飯,也吃得既開心又滿足,那麼計劃中的關於我們的家常,就已經是大有進展了。而原本以為也就是如此而已,但疫情三年,時有困境與必須思考突破,後來做著做著新嘗試,倒也開發出了一個以南台灣烤肉飯以及滷肉飯為主題的「丼飯」(好料蓋在飯上),以及熱賣到完全不可思議的臘味與雞丁兩款改良港式「煲仔飯」。

🧄 歡迎進入澱粉的多重宇宙

至此,在貓下去供應的澱粉主食已經進入了一個嶄新境界,是做到真正的沒人與之相同、多重混合,卻又渾然天成。是折衷主義的台北體現;是中西美食的老哏新作;是台港日韓再加一點點美國移民風格的多重宇宙感;是通通合而為一通通都不奇怪的,通通都好吃什麼都可以在桌上。想想你會看到金黃的炸排骨,也會看到大大的紅燒肉,然後有滿滿的飯菜在碗公裡,也有熱燙的砂鍋正準備掀蓋、迎接冒煙,並有人拿著湯匙要開始翻攪拌勻。

如果再把那些不吃不可的涼麵與拌麵還有義大利麵加進來，想像滿滿的餐廳裡頭，每張餐桌上頭，每個人吃得那樣不亦樂乎的樣子，我後來常在想的是：「天啊，我們到底做到了什麼啊！？」

也或許真的只是我們對於這個城市裡的人，可以如何吃飯的一種理解罷了。對我來說，看起來有點亂做與搞怪的，但來到我家作客，至少至少，你會知道，此處有的是那些美味討喜、獨特又熟悉的麵飯食物，讓你可以找得到安心與歸屬，讓你知道自己是在一個你最喜愛、甚至難忘的，台北所在。

而這就是貓下去了。
很在地，也很國際。
非常理，但有邏輯。
我們就是這樣在討論做菜與吃飯的。

至於誰是台北第一好吃的排骨飯？
你自己一定有個答案。
但那個之外的，應該就是我們家的這盤台北新經典，榨菜排骨飯了。

榨菜排骨飯（也可以單點炸排骨）
Hot Pot Rice with Taiwan Pickles and Fried Pork Chop（Adapted from "Pork Chop Bento"）
台梗九號米，特製榨菜與酸菜，雞高湯，台南醬油，蒜綠，粉漿式炸排骨

貓下去敦北俱樂部
2019 年 5 月 ·

【關於愛與不愛以及經典，食物篇／貓下去十週年，全台唯一呈獻系列＿
＃榨菜排骨飯】
決定做燴飯而不是炒飯。因為國外的中餐館沒有，而台北人想像裡，也沒想過，
是三流小吃，也有吃完飛天的時刻。

所以是用這樣的態度，設定了我們烹飪飯的主軸。是讓這些年做的那種假老外
燉飯相顯無聊，然後讓自己人呢，可以一口一口的，吃到盤底朝天。
⋯⋯ 查看更多

（原文寫於 2019 年 5 月，貓下去社群發文）

16 我們當然也會做漢堡

當餐廳成為城市的大廳,那些代表性的中西美食
就都能放進來成為家常的必須

不誇張,完美的一餐,如果可以是漢堡,
不論能出國與否,
我會說我想要吃的就是貓下去現在賣的這種漢堡。

真要說我們做了全台北最好吃的漢堡嗎？

當然是不可能。但我會說，最近確實是，做了一個沒有人會討厭的漢堡系列，給了這個城市，給了貓下去，給了我們自己人與陌生人，一個愛上吃漢堡的新理由。

有點家常菜的思考，是的，又是家常，但也就是沒有複雜繁瑣的做工，沒有博大精深的技巧，我們有的只是一個想要好好地、簡簡單單吃顆漢堡的心，然後想要分享這樣的單純，給妳給她，給你給他，給喜歡來貓下去發現新鮮事的每個男男女女老少客人們。

用上粗細還得宜的牛絞肉，壓製成四方形的冷凍肉餅；選用與苗林行特製的奶油餐包來作為漢堡麵包；再加上一片鵝黃色巧達起司。把這三個元素適度加熱之後，組合在一起，沒有需要附加什麼，不用醬，也不要多餘的生菜番茄，就只是肉與麵包與起司，就足以讓你一口咬下得小心等等手指頭會不見才行。

🧄 製造一款味道乾淨且形式純粹的漢堡

大概不會有什麼意外，你去問任何一個同溫層的人，是從什麼時候開始知道漢堡這個食物，幾乎百分百都會回答你說：「這不是從小就有的一個東西了嗎？」

早餐會有，午餐會有，下午茶會有，下班下課後的晚餐，宵夜，甚至是後來的早午餐，天啊，不說出來你還真不知道漢堡這玩意兒根本無所不在、根本台灣菜了（開玩笑）。想想從美而美再到麥當勞，小七再到美

式餐廳，飯店吃到飽的自助餐與高級牛排館，再到夜市與各個觀光景點（比方台東成功好了，夠遠了吧）。

漢堡吧，是不是，如果你碰巧又成長於八〇年代，然後青春期又在速食店混過的話，我們小時候還有溫蒂漢堡外加真正的日系情調摩斯漢堡呢～（真心顯老）。

所以在這樣多到不知所以然、吃著度日的各種漢堡與強調道地的漢堡專賣店所販賣的「要張大口才吃得動」的漢堡，我想真正的美味漢堡之於我想創造的家常，就應該是「我最想要的漢堡」，也就是不再複雜、不要附加形式，然後乾淨好吃有我的味道在，就好。

或說真的，有貓下去的特別感，更好。那可能是一種一吃下去只會想說真好吃，而沒有其他東西需要判斷與研究的那樣理所當然。也有可能是一吃下去會小罵髒話在心底，在滿是食物的嘴裡，咒罵著我們真可惡，怎麼食物看起來這麼無聊，但吃起來又涮嘴爽快到一個不行呢？

在貓下去廚房裡，如果有想要展現的廚藝，我想可能就是這樣的剔除工藝表象之後，所反映的對於烹飪的理解、對於人與吃喝慣性的觀察，以及我常說的，其實我們更樂於運用某些小奸小惡的廚事伎倆來製作食物（與飲料），並且能夠輕易達到娛樂也滿足大家的餐廳歡樂效果，那就是最好。

當然更多數時候我希望的是解決問題。藉由一道菜、一個食物（或飲料），藉由年復一年的理解，去解決吃的問題；解決服務上的問題；解決出菜過程的問題。所以並不是做出了什麼最好吃的漢堡，但我們確實

是做出了我與貓下去歷史上，出餐效率與口感最棒的一個漢堡系列組合。所謂效率，是真的可以用非常快的速度完成出餐。幾乎可以說是開發來給家長們在早上可以快速地幫小朋友做成早餐，然後還能從容接送上學那樣的快來形容。經由冷凍塑形的漢堡肉片，兩面各煎兩分鐘就熟了，放上起司片，接著將常溫的麵包切開烤上色，把起司與肉夾進去，在有溫度的環境包覆下（像蓋加熱毯那樣），起司就會與肉慢慢的，「水乳交牛」合在一起。

而這呈現了我個人對於美味的理解，是盡可能單純一點，味道才有可能是最好。而所謂單純，並不是單調，是知道人對於吃東西時的味道理解與感受其實非常有限。這聽來繞口，但確實是如此。就像濃度太高的巧克力你（普通人）會吃不到風味；就像夾了太多食材的三明治（或潛艇堡），你（貪心的人）也會吃不到重點。

而關於牛肉與漢堡，我們就在某個不經意的當下，發現了一件驚人的事實是，原來當你決定懶散（甚至不要臉）一點的時候，可以什麼都別加，就單純的讓重點回到麵包與肉和起司，再一起壓扁扁地送入口，真的喔，就可以，非常非常的好吃喔～（拍胸脯）！

🧄 讓漢堡成為大家都愛的食物媒介

我想可能是因為 2017 年在紐約吃過了 SHAKE SHACK 與曾經紅極一時的點點豬餐館之後，對於漢堡，我好像才有了多年熱愛之後的終極啟發。比如那個美國才有的馬鈴薯包（Potato Bun），吃來軟彈有嚼勁還帶了一點點甜的口感尾勁，做成漢堡的載體真心太棒；二是真正好吃的漢堡，可能只需要一塊味好純厚的肉排，加上起司來當作調味就好，再

配上細細的薯條,可能就會是你生命中,不用太用力回想就能記起的最完美一餐。

不誇張,完美的一餐,如果可以是漢堡,不論能出國與否,我會說我想要吃的就是貓下去現在賣的這種漢堡。

軟綿 Q 彈的餐包,可以做成牛肉起司堡,可以與荷包蛋做成蛋堡,可以加上一片炸雞做成麥香雞般的炸雞堡,更可以夾上炸排骨變成豬排堡;素食款可以夾烤過的菇,變成北歐森林堡(名字偏瞎),想吃甜的還能抹上奶油與草莓果醬,撒上鹽與胡椒就成了很棒的下午茶奶油餐包堡。我們在貓下去餐廳裡頭,每天每晚,就是供應著這個漢堡系統與組合,讓我們所能表達的家常,又多了一個不用解釋而大家都會喜愛的食物媒介。

重點是尺寸還非常討喜(的小)。這是最後要補述的。貓下去的漢堡,分切或直接吃,都是小孩子容易吃、女孩子方便咬,男生與胃口好的人,可能都會吃到欲罷不能,想要一口接一口一個接一個的那種剛剛好、非

常好，也可能是，目前為止在所有餐廳裡頭吃過的，前幾名的那種好。

漢堡，是的，如果沒事，或是想吃，都歡迎，來我所工作、也是你與朋友們可能都會愛的台北餐廳，貓下去，品嚐品嚐與（不要）批評指教。

17 徵披薩廚師

嗨大家，我是寬寬，今年貓下去的烹飪目標是在完成被疫情影響之後的 # 更家常的美式餐廳食物計劃，其中包含了更準確美味操作精簡與快速的 # 義大利麵 與 # 漢堡，以及自成一格的運用蒸烤箱與油煎去製作的獨家 # 披薩。

在定義貓下去之於台北的新家常，我們認為這類經由美國與日本甚至韓國文化影響下的熟悉食物，是不用解釋就能和大家達成共識，並且容易藉著我們自己的品味與創造力，去做出很不同又討喜的嶄新風貌。

有別於前幾年著重在定義 # 台北的台，與 # 台北的食物，這一年我們的新氣象是重新開發這一個我們原本就熟悉的西餐領域，只是藉著更多理解與烹飪手法，去做了更現代化的貓下去表達。

亦即在健康與合理的工作環境下，不僅把生意不賴的場面運轉得順暢有趣，還能持續烹飪出新產品並帶給大家新的食物解釋方式。

所以藉著水煮培根定義了出餐超快速的義大利 # 培根奶油蛋汁麵 與 # 臘腸培根披薩。藉著對於披薩餅皮的文化挪移，也做出了 # 蛋餅披薩 與 # 煉乳披薩。

當然還有更多的食物與食材藉著這樣的概念，讓我們可以在此刻的餐飲大環境下，做出更有彈性也兼具獨家技術的成果。

簡單說就是在貓下去，繼續將服務藉由創造力，解決了更多的問題，製造了更多新局。

相關職務
資訊在 104

貓下去線上
徵才資訊

然後這是一個原生於台北內容獨步於世界的餐廳，歡迎繼續來一起生活與成為核心夥伴。

這個月我們首次開出了 # 披薩廚師 的領班職缺，
更多資訊請搜尋貓下去以及最新的社群發文！

（原文寫於 2023 年 4 月，貓下去社群發文）

18 為了紅酒汁，我們燉肉

文長慎入但抓緊眼球，要先回到貓下去的時光膠囊裡了

那些年的小小貓下去廚房裡，既要做生意，但也要有廚藝，
美味之於這個故事，
還是在於你對基礎烹飪有沒有真正的瞭解與深刻體悟，
直到真懂了經緯線之後，才得以離經叛道，才能夠走出自己的路。

回想在 2009 年貓下去剛開始的那段時間，可能是為了一種好勝，也可能是為了存活，我知道必須要強迫自己會很多東西才行。所謂很多東西，大致上就是那時候我對於西餐的部分喜好與見解，以及我所看過那些，存在於國外我愛的餐館所供應的多數菜色。

以往在家看著食譜依樣畫葫蘆的烹飪手法，換到餐廳廚房，整個操作與準備量體，以致味道與烹飪結果的掌握，其實都大不相同。甚至是包含了以前在別的餐廳工作並沒有學會，但是現在可能得用上的西餐技巧，我都得試著重新理解、拆解、試驗，反覆操作至熟練，才有辦法成為菜單裡頭與餐桌上面供應給客人的盤中食物與各式菜餚。

🧄 在小餐館供應的高級餐廳大菜

那時候，我最大的障礙，是要做出高級餐廳會有，而貓下去也需要有的某些「大菜」，比方一份成本高昂的牛排配上薯條。而煎好一塊牛排其實不難，只要挑好部位，拿捏溫度與時間，要做出可口的五至七分熟是輕而易舉。真正有難度的是在大量出餐時，你得一邊聽單、一邊處理熱鍋上的菜餚，然後還要準確地做好肉的熟度與表面溫度，這可考驗著經驗與直覺反應，甚至是你站在炙熱爐灶前，能否長時間保持出餐的耐久與專注度。

出好一份牛排，也不是只有燒好那一塊肉而已，還得給予盤子裡面適當的配菜，還有附在旁邊那最重要的，醬汁。是的，或者其他該有的常見佐料。這就難了，對於當時的我來說。畢竟這麼多餐廳在賣著各種價位的牛排，先不論價錢，我們要的是贏，是差異，是風格親切的小館風格，那在貓下去到底該怎麼呈現，才能出眾？

那時候我想要做的，其實就是紐約法式小館所供應的那種牛排薯條。所以最終端出來的是一塊八盎司的肋眼牛排，燒好分切，再與現炸的薯條配油封大蒜同置圓盤中，並附上當時可能沒人在做的紅酒醬汁（給牛肉），以及番茄醬（給薯條）。用紅酒醬汁去配牛排，對我來說，其實是被日系與美式的新派法國菜給影響的。也就是風味盡可能自然，口感則必須明亮與單純。

但最主要的是，在當時那狹小的五坪廚房裡，並沒有多餘的時間與成本去做出高級法國餐廳在使用的肉汁（Jus），或濃縮後的半釉汁（Demi-glace），也不可能用老派的作法去準備厚重的濃肉汁（Gravy），好製作出我從小在飯店就很喜愛的那個「配牛排的醬汁」。所以最後取巧地想了一個較有效率的作法，是讓我們可以花一次功夫與做一鍋菜的時間，就能取得味道不賴的醬汁，並且還能產出一些好東西來當作特餐販售。

而關於這個想法的來由，搭配的脈絡，我得先倒帶回去更久遠以前，先去說說那個所謂的「配牛排的醬汁」。

穿梭在廚房無間道的聖誕夜

時間回推到西元 1997 年，我十七歲那年的聖誕夜，人生第一次進到當時高雄最貴最高級的漢來飯店「海港自助餐廳」去當外場 PT 服務生。那晚我負責「卸餐具」工作，也就是負責把一車又一車放滿客人使用過的餐具，從餐廳備區像行駛著載滿貨物的郵輪，緩緩地或推或拉，穿過整個餐區，回到後場偌大洗碗區，接著再一落一落把那些厚重又骯髒的骨瓷餐盤、杯杯碗碗，刀叉與餐墊布，準確地往那幼兒泳池般大小的洗碗槽、層架上的塑膠杯籃，與角落的布巾車裡頭，好好的放（丟）進去。

這工作是百分百勞力活，其中還夾雜著很必要的腦袋與身手靈活。當晚，我那件純白、寬大、渡輪服務生風格的落肩式制服，就在無止境地跑進跑出、油裡來水裡去的整晚工作之後，變成了一件活脫像是傑森‧波拉克（Jackson Pollock）畫風的藝術品大衣，潑滿了各式油漬油污油脂、各色飲料醬料，以及我也不知道是什麼東西的奇怪液體斑點。

那間位在四十三樓高空、前前後後去工作了近兩年時間的大型自助餐廳，至今我都還能清楚記得廚房的模樣與味道。你可以想像那是集結了水氣

與熱氣、冰箱霧氣、洗碗機清潔藥劑和各式廚餘的一處無間道。而我們這些穿著外場制服，但要進出此地補送食物與丟卸髒物的服務生，就是其中的陰陽人與輪迴者。我還能記得第一個晚上被叫去幫忙退冰生蠔時，那忍不住偷吃了一顆冰涼滑溜的生蚵所留下的神奇（處女）體驗。

而記憶深刻的還有後來趁著廚房收餐時，用手指去偷挖了盛裝「配牛排的醬汁」的容器邊緣，所吃到的那些已經乾枯冷卻的殘存物所帶來的難忘滋味。那是一種濃得化不開且無法形容的特殊肉味，也確實是自我有西餐記憶開始對於牛排醬汁的認識無誤。

我一直都對這種說不上來是什麼的濃稠醬汁很感興趣，所以從那時候開始，只要有當班，我便在備餐或收餐時，追著負責醬料的內場師傅們問東問西，也套套交情。經過了一段時間的交陪之後，在那個師傅們還喜歡藏一手的年代，我就靠著這樣時不時地聊著天，對這個吃起來永遠都鹹鹹香香也美味的「牛排醬汁」，多了不少知識與認知。

🧄 永遠在廚房角落冒著濃煙的西式老滷汁

那其實是英文叫做 Gravy 的一種濃肉汁。通常是用備料廚房裡一個俗稱「邊角料垃圾桶」的超大蒸氣湯鍋裡頭撈出來的褐色液體做基底，然後再經由過濾與稠化等等不同烹飪程序，變成主廚們想要的濃醬汁。

作法是會經由炒香蔬菜、添加風味酒精如白蘭地或紅酒、加入那個褐色液體與菇菌類一同熬煮，最後再以玉米粉水、大量奶油，去做稠化或乳化，才能變成最終要端上備餐台的那一盅可稱為醬汁的 Gravy Sauce。而這個方法也能拿來做成蘑菇或黑胡椒醬汁，但說實在的，不管叫什麼名字，只要最後能呈現質地如釉的深色醬汁，那就可以被拿來搭配烤牛肉或各式燒烤的肉類菜色了。

某些記憶已經模糊，但那個被暱稱為垃圾桶、像是工地才會出現的大型攪拌缸蒸氣湯鍋，我是後來在熟了餐廳裡外時常跑進跑出之後，才親眼看見那傢伙會被稱為垃圾桶的原因，就是裡頭長年都浮著大量的蔬菜與肉類邊角料、烤肉剩餘的骨頭與香草，以及一大堆根本無法知道是什麼的食材屍體所導致。

那就像是煉金術士不可缺的煉丹爐，是整個廚房最神祕的味道來源，也是一個你永遠都問不出個所以然、日日夜夜持續冒著熱氣，但沒人會想和你解釋那是什麼東西的一塊陰暗森林角落處。

那一晚就是我的餐飲服務出道秀,也就是在一個全年最忙碌的聖誕夜晚,在全城進客量最大的西式餐廳裡,一夜長大,成了經過震撼教育,也經得起操的,菜鳥餐飲人。

換個角度來說,那其實就是整個西餐廚房的老滷汁。在我後來懂了烹飪的原理之後,那缸蒸氣鍋,其實也還是會固定濾出、清洗,重新以蔬菜與肉骨製作湯底,接著再把原本的老肉汁給倒回去,讓它們繼續加熱煮沸交融一起。而整家飯店與餐廳所用的所有醬汁,幾乎就都是由這缸老滷汁給分出去的點點滴滴,子子孫孫們。但真的是必須經由廚師們的修飾與調製,才能好好地提供這魔法般的美味,給一盤又一盤的肉類料理與一張又一張客人們挑剔的嘴。

🧄 從食譜書從頭開始土法煉鋼地學燉肉

所以並不是每個地方都有能耐去製作這個「配牛排的醬汁」,那其實是要有老滷汁才能成的。而我也不想偷雞去用食品大廠牌所推出的黃汁粉或現成雞湯罐來製作濃肉汁,所以「燉肉」這個烹飪技法,就成了當時我唯一可以給自己的解答。

因為這鍋燉肉的產出物就會包含了一批烹煮完成的肉,以及一大鍋富含肉味與油脂還有蔬菜與酒酸的液體,也就是一道初步的肉汁(Jus)。我需要的只是去加以調味乳化,就能做出可以搭配給牛排與燉肉的美味醬汁。而這個解答其實就是去改良法式勃根地紅酒燉牛肉,去用我們可以理解與負擔得起的操作,煮出一鍋好吃的紅酒燉肉,如此就能完成這個任務,也就是有肉也有汁,有特餐可以賣,也有我那肋眼牛排所需要的漂亮褐色醬汁。

相較現今這個資訊爆炸、上 YouTube 或小紅書就能查到全宇宙各種食譜的進步年代，2009 年當時可沒這種好事。如何精準地做好一鍋燉肉？抱歉，光是找各個大師名家的食譜來試做，就會花上非常多的心力與時間與金錢。而且還不一定是做完就會有個定論或覺得好吃（因為食譜看得懂不懂以及上面計量準不準，你得做了才知道）。即便你可能在一些知名西餐館與飯店西廚部門工作過，但關於如何燉肉，其實也都是師傅口耳相傳、以訛傳訛居多，並沒有太過科學的知識與食譜，流通在我那時候的廚師同溫層與工作過的各個廚房裡頭。

很好笑嗎？可能吧。但也是那樣的年代，所謂食譜書才有其珍貴之處。所以那時候你只要願意花時間，固定閱讀國外的飲食報導，比方各國美食雜誌，或是像我會固定去看《紐約時報》（The New York Times）的食評，好好做功課，加以搜尋那些你覺得值得崇拜與信賴的國外火紅名廚，然後想辦法去誠品或進口書專賣店訂到他們的食譜書。那麼花點時間、理解翻譯，並加以實際烹飪試驗之後，就有可能跟著大師的腳步，成為他們的

門徒與信眾，成為遙遠台灣台北的致敬者，然後在自己家中設席宴客或是，真的，就可以讓你變成某個被稱做會做菜、也值得讚許，甚至會有記者來報導你然後寫上報章雜誌的專業廚師。

因為看不懂法文與日文，也沒那麼多對於法國與日本餐廳的認識，所以就著三腳貓的英文，「只專心研究」美國與英國名廚，然後把他們的食譜書當成了我的廚藝寄託與鎮店的廚房朝拜信仰。在這個部分，我就不是指在家做菜看的傑米・奧利佛（Jamie Oliver）與奈潔拉・勞森（Nigella Lawson）了。我說的是經由《料理鼠王》（Ratatouille）這部電影與安東尼・波登的書而知道的世界五十大餐廳美國名廚湯瑪斯・凱勒與還沒有《地獄廚房》（Hell's Kitchen）節目在罵人的的英國名廚戈登・拉姆齊（Gordon Ramsay）。

🧄 貓下去的西餐脈絡與味道根源

他們兩個英語系名廚有個共通點，都是受過上個世紀很扎實的傳統法國菜訓練與歷練，也開設了幾家不同檔次的法式餐廳在其所在地。所以我很喜愛拿這兩個廚師的食譜，來對照一些基礎烹飪技法與一些經典菜色的作法。這兩人的食譜書，都不是只求精美而忽略細節，更不是為了名氣而急就章，大致上都是大出版社很慎重之舉的飲食出版物。比方湯瑪斯・凱勒的前兩本食譜書 The French Laundry Cookbook 與《瓶塞小館》（Bouchon），就是出自他所開設的前兩家同名餐廳在酒鄉加州納帕谷。

「法式洗衣房」（The French Laundry）是米其林三星與世界五十大餐廳第一名的高級法國菜殿堂，而「瓶塞小館」（Bouchon）則供應著家常但精緻的法式酒館菜，兩者都充滿了主廚待過法國南方後與著重美國文化

重新詮釋的烹飪色彩。食譜裡頭光是蔬菜運用，就能感受到他手法之不同，最明顯是青蒜（Leek）與紅蔥頭（Shallot）的大量存在，這也影響了我在貓下去做湯與燉肉或燉飯所設定的基本蔬菜料（Mirepoix），是一定會有上述兩樣食材大量存在的。我也常會不要臉說是師承湯瑪斯・凱勒，但確實是經由操作他的食譜，才發現了風味是一層一層去添加出來而不是簡單的一加一，風味也有壽命與極限，並不是煮得夠久熬得夠濃，就一定會比較好吃或美味。

而那本 30 公分 × 30 公分、厚度超過 10 公分，封面以勃根地酒紅色（Burgundy red）為主體記載著各式法式小酒館菜色的《瓶塞小館》食譜書，就在貓下去開幕後的那個時期，成了我的教本與教科書，成了後來十年貓下去的鎮店之寶。所有道聽塗說的法式烹飪，還有一知半解的法國料理，都可以藉著這本厚重的廚藝全書，找到解答與最精闢的作法解釋。嚴格上來說沒有湯瑪斯・凱勒開設這家餐館，並且出版這本食譜書，應該就沒有貓下去後來很多西餐的脈絡與味道根源。

🧄 屬於貓下去的折衷主義式燉肉

而那個法式勃根地紅酒燉牛肉，我就是從上頭去如法泡製的。只是一開始我把牛小排換成了豬五花（勉強來說部位也算接近啦），並且把費工的部分略為省去（把酒燒乾）。

而結果倒也意外出眾，沒有令人失望。燉軟的豬五花橫切成一指寬的厚度，成為肥瘦各半的肉排，煎烤上色之後，配上沙拉，再淋上那時候流行的橄欖油醋，就成了一道有點樣子的法式酒館特色菜。而燉肉的醬汁，則會在過濾之後，加入一些糖，去讓酸甜更平衡也帶勁，接著依循法式醬汁的作法，加入大量的奶油（Butter）去乳化與增亮，增添口感的馥郁與濃滑。

就這樣。在一開始的貓下去所用的紅酒醬汁，其實也就是憑著一股蠻幹的決心與一定得成功的心情，邊做邊試、邊做邊祈禱運氣的意外得到。即使那個豬五花時常會被客人嫌太肥吃不慣，或是醬汁存量與燉肉的時間配不上來，但那個從不會到會的過程，影響了非常多的事情，當然最主要就是後來的日子裡，我們成了台北少數會做燉肉，也非常會運用各種不同豬肉部位來做成特餐料理的一間西式改良餐廳。

多年之後當貓下去不再執著於西餐，而開始做自己的家常菜時，這燉肉技法仍然被運用在中式烹飪的紅燒與滷，而風味呈現出了更多不同面貌。因為很多源自法國菜的調味邏輯、大量的蔬菜運用，讓貓下去的烹飪變得折衷也豐富，成了一套有自己風格的做菜技巧。

而一開始只是為了做好燉肉，讓我的牛排能有一個可以搭配的紅酒醬汁罷了。

🧄 就算到火星做紅酒燉肉還是得用好喝的紅酒

後來的紅酒醬汁也並不是都用燉肉去做了。我們重新理解湯瑪斯・凱勒燉牛肉的作法之後，把重點放在了「紅酒濃縮汁」（Red wine reduction）的部分，也就是先以一份蔬菜料（Mirepoix）與紅酒去燒乾至蔬菜吸滿紅酒滋味，並且沒了酒精只剩下酒酸，然後再加進一批新的蔬菜料，與適量的水、香草束（Bouquet garni），繼續熬煮三十分鐘至味道明亮有致，就可過濾備用。這是一鍋「素」的紅酒蔬菜汁。邏輯是用蔬菜高湯的原理（第二批蔬菜料）去和紅酒濃縮過的蔬菜料（第一批）做結合，煮出一個有底蘊的紅酒汁（Red wine jus），接著再去調整酸甜度，視狀況再增稠與乳化，就成了一個比較現代化、滋味明亮、成本可控、效率也好的日常醬汁。

而重點是選用的酒與蔬菜料內容。

請記得,就算換到火星上做紅酒燉肉,你還是得用夠濃郁也好喝但不要太貴的酒來做味道才會對。畢竟看到這裡你大概也明白,味道是層層相加出來的,不要聽信讒言說用一些便宜不能放上餐桌喝的 Cooking wine 去做燉肉就可以。記得,你不覺得好喝的酒,燉出來的肉也會像死不瞑目的屍體一樣面目可憎。個人的建議是美國加州或南美洲與澳洲的平價紅酒最好,夠濃郁也帶了甜膩,這很好,畢竟是便宜也不會單寧重,我以往都在好市多找到這些好傢伙。

蔬菜料就是洋蔥蒜頭青蒜紅蔥頭與紅蘿蔔與蘑菇,還會再加進葡萄乾,算是作弊,增加糖度與平衡酒的酸度,關於這,請幫我保守祕密,你知我知就好,我們台灣人比較投機,常會搞些邪門歪道,但東西呢,就是會比老外原本的更好吃,是吧(笑)。總之,手法大概是這樣,在那些年的小小貓下去廚房裡,既要做生意,也要有廚藝,美味之於這個故事,還是在於你對基礎烹飪有沒有真正的瞭解與深刻體悟,直到真懂了經緯線之後,才得以離經叛道,才能夠走出自己的路。

🧄 讓燉肉更完美的一點小提醒

而關於燉肉,最後小提醒,不一定要把肉先去醃漬在酒裡面,如果醃了,就要記得取出肉之後,要拍乾表面去沾上麵粉再下鍋油煎,表皮才會上

色，才會有那層燉肉需要的「好味道」。肉得先煎過再去燉，不是因為可以把肉汁封住（這都是鬼扯），而是為了味道。想像那個鍋子與肉的表面，都因為油煎之後產生的焦化效果，那就是一層因煎肉產生的焦香與油脂味，是的，這就是我們要的，如此而已。

而白酒番茄燉肉比紅酒燉雞或牛肉來得容易運用。前者是義大利菜的範疇，但邏輯大致雷同，只是白酒記得挑甜的不能是酸的，然後要多加番茄果肉或番茄糊，去與蔬菜料一起和酒燒乾而已；而紅酒燉雞只能燉雞腿那個部位，雞胸不太能燉，結果常會像婚姻關係一樣，乾澀難解。選用土雞種的母雞，只要時間掌握得好，肉質會更細緻美味。

至於鍋子，你有好的鑄鐵或陶罐鍋都很好，很密合的蓋子與鍋身就能有很好的效果。而我們在餐廳的作法比較老派粗獷一點，是取一只夠大的雙耳鍋，學著剪一片圓圓的烘烤紙來當蓋子（Parchment lid），然後附著整鍋燉肉材料表面，整鍋送進 200℃的烤箱，讓它們自己在裡頭熬煮至屁滾尿流，就行了。

總之一切的烹飪原則，都是溫度與時間的對價關係而已。

（好啦這句話應該真的是湯瑪斯·凱勒說的。）

CHAPTER 2

我心中最理想的餐廳

我心中最理想的餐廳，是陪著我們在城市裡一天又一天的。

是有人在互動的。是可以製造回憶、製造鄉愁，製造想念的。

是提供老派又適切的服務，是在乎人的，是對人敏感的。

是有人的氣味以及留有人的痕跡在裡頭的。

19 我心中最理想的餐廳

寫給疫情後的我們，寫在貓下去這家餐廳的某個位置上

我心中最理想的餐廳有可能是飯店的大廳 Cafe，

有可能是某個西餐小館，

有可能是那一年我決定開餐廳時候的各種想望，

有可能是這些年一家叫做貓下去的餐廳所企圖做到但還沒法達

到的境界。

「在市區想要看書的時候，最理想的地點莫過於午後的餐廳了。事先掌握一家安靜、明亮、客人少、座椅舒適的店。最好是只點葡萄酒與小菜也不會給你臉色看的親切店家。如果去市區辦完事還有點剩餘時間，可以去書店買一本書，然後到這種店裡一面呷著白酒一面看書。說起來這實在是件非常奢侈而令人心情愉快的事情。」——《蘭格漢斯島的午後》，村上春樹

我心中最理想的餐廳，是一個可以隨時想到就能去的地方。可能是整天營業著，也可能是只營業白天、或晚上，或深夜。可能有供應早餐、早午餐，或整天都適合吃的食物，也可以只有晚餐、或宵夜。總之只要保持簡單就好、或許、不要複雜、不要噱頭、不要太潮，也不要太美太像觀光景點讓人只知道要拍照而忘了吃飯與聊天，忘了可以喝咖啡講是非，可以好好和朋友坐下來吃點好東西、喝點酒，或一個人就待在某個角落裡，看人與被看。

我心中最理想的餐廳，會供應各種蔬菜給各個時段，會無時無刻供應三明治，會在早餐好好烹飪蛋，會在午餐給你好吃的麵與飯，會在下午給你漢堡或炸雞，會在晚餐給你大塊肉與好喝的葡萄酒雞尾酒，我喜歡的餐廳會吸引需要這樣服務的人前去光顧。會有刀叉在桌上不時輕聲碰撞著餐盤，也可以看見筷子在桌上，讓人可以方便吃上一些熟悉的菜色食物比方一片紙包著烤好的魚，或是切成片狀的脆皮豬五花。

我心中最理想的餐廳，其實是中中西西，是老少咸宜，是可以各種理由不分年紀去做各種使用的。我喜歡的餐廳，是喜怒哀樂、婚喪喜慶，是生活的每個時刻，都會需要它的。是一個人獨處、兩個人約會、一群人聚會，一家人同在一起各種吃與喝，都可以好好要到位置坐在其中的。

不只是吃飯、不只是喝一杯、不只是和人見面,不只是一個人消弭寂寞孤單與飢腸轆轆。

我心中最理想的餐廳,是可以陪著我們在這城市裡頭一天又一天的。是有人在互動的,是可以製造回憶、製造鄉愁、製造想念的。是可以靜靜地待在裡頭在白天,也可以偶爾喧鬧地在晚上。是可以需要什麼開口問就可能會有,是會有人記得你需要什麼不用開口也就會有。我喜歡的餐廳是提供老派又適切的服務,是恰到好處的關心但又不過度親近的那種。是在乎人的、是對人敏感的,是有人的氣味以及留有人的痕跡在裡頭的。

我心中最理想的餐廳,是城裡頭好看的人都在其中活動著。不是湊熱鬧的那種,不是打扮得花枝招展財大氣粗時髦炫耀的那種。是有禮貌有禮儀,知道餐廳有所規矩,而從外在到內涵都表現得當的。是享受食物與喝酒的氣氛而不吹毛求疵過於囉唆的。是就算有司機在外面等待,也不會賣弄和故意為難餐廳的。

我最喜歡的餐廳會有討人喜歡與討人厭的人,但至少在裡頭都是開心並且懂得使用幽默的。就算喝醉酒,也不會製造混亂,就算嗨過頭,也不會造成麻煩,就算慶生或求婚,也不會覺得天底下就他們是最重要的。

我喜愛看著餐廳裡頭的熱鬧,也喜歡看著趣味的胡鬧,更喜歡看那些懂得在餐廳裡頭持續保持好看模樣的人。

我心中最理想的餐廳,會播放好聽的音樂;我心中理想的餐廳,會有室內與室外的座位;我心中理想的餐廳,是可以帶狗狗與貓貓上門的;我

心中理想的餐廳，是可以坐下來找到地方工作或閱讀，就像是村上春樹說過的。我心中理想的餐廳是有冷門時段和熱門時段，是有訂位也有現場座位，是電話可以隨時撥接，也有社群網路可以找到各種資訊的；我心中理想的餐廳，是可以看著年輕人從戀愛結婚到生小孩都持續樂在其中的；是吃過一代又一代人的；是可以歷久彌新、不管環境如何變遷的。

我心中最理想的餐廳，是可以供應簡單好吃的義大利麵、有肉有菜有飯、有總匯俱樂部三明治、薯條與美乃滋、經典不敗的甜點像是布丁與巧克力蛋糕、牛奶冰淇淋、珍珠奶茶、草莓奶昔與零卡汽水；我心中最理想的餐廳，是可以挑選各國不同的簡單紅白葡萄酒，有清新爽朗的好喝生啤酒，有各式經典雞尾酒，有氣泡酒，有龍舌蘭琴酒伏特加與威士忌白蘭地與蘭姆酒，也可以點個 Shot 在必要的時候喝個痛快或開懷的。

我心中最理想的餐廳，就真的只是很理想的存在著。我心中最理想的餐廳，有可能是飯店的大廳 Cafe，有可能是某個西餐小館，有可能是一間可以飲酒的喫茶屋，有可能是某個海產餐廳，有可能是那一年我決定開餐廳時候的各種想望，有可能是這些年一家叫做貓下去的餐廳所企圖做到，但還沒法達到的境界。**也有可能是，真的有可能是，我心目中最理想的餐廳，就是那個讓我的職業生涯追著自己想要完成與看見的終極餐廳。**

我心中最理想的餐廳，在台北，在各地，在美好的世界，希望是在這裡與那裡，每一個可能到的地方，在每一個今天或明天或未來的某一天，都能成真實現。都能看見自己就坐在裡面，不管是以什麼樣的角色存在，也都能夠自得其樂、自然而然，自由也自在地，與之同在。

（寫給疫情後的我們，寫在貓下去這家餐廳的，某個安靜的位置上。）

20 俱樂部的總匯三明治

與一家餐廳的靈魂之所在

從第一天開始到現在，整整十四個年頭，

貓下去的 BLT 總匯三明治，就沒有離開過菜單，

也沒有一天不受歡迎。

一定要有三明治。

最好還是層層交疊再切成四個三角型的那種三明治。

我心中最理想的餐廳,一定要有一份用吐司、奶油、美乃滋,番茄與生菜、火腿或培根,再加上一顆煎得好好的荷包蛋去組成的三明治。

如果你懂我在說什麼,而大部分時候,那個其實就叫做總匯三明治。

一間看得見刀叉的餐廳或是咖啡廳,菜單上如果有而端出來的也真正是,一份美味的總匯三明治的話,那麼就值得你給它一個大大的讚、一個擁抱、一個可以一去再去的理由,以及可能可以被放進理想所在的口袋清單裡面。

🧄 如何定義一份美味的總匯三明治

一份美味的總匯三明治,老派一點的作法是用三片四方吐司,烤至表面金黃焦香,接著把所有材料像蓋房子一樣整整齊齊、按照順序,通通擺進吐司建構的夾層裡。

而那之間就是一個小宇宙,是麵包與抹醬、是抹醬與番茄生菜火腿蛋的相互交融,或許還會有一片起司穿插其中,最後再從上層吐司好好壓緊,插進四根牙籤,就能持以麵包刀將它好好分切,變成二或四個三角形,變成切面帶有鮮紅與綠意,還有蛋黃流動其中的食物集錦。

擺進素雅大方的盤子裡,這三明治就能供人食用了。再配上一杯果汁或咖

啡、奶茶或是冰涼汽水，坐在有冷氣的空間裡，一口接著一口、有吃又有喝，那就真的是好不愜意，超級滿足。

就是一種可以從早到晚、從老到小、從男孩到女孩，都能自己吃個開懷的食物菜色──總匯三明治。英文名字也很趣味就叫做 Club Sandwich，所以也可以假掰一點翻譯做「俱樂部總匯三明治」，有點古典又摩登，俱樂部與總匯，兩個字加起來就好像是什麼都有的豪華、氣派，盛大與爽朗。

我就是如此喜愛這個模樣的三明治，於是在貓下去還沒開的時候就知道，有天我能主持一家餐廳時，就一定要也必須要，把它最美好的模樣，放到我所設計的菜單上。而它必然是一份不用花上太多錢就能取得的單純好料；是最直接就能取悅自己的享樂手段；是一份上好的總匯三明治，但我想要它也能代表我們平常在勞累餐廳工作下班之後想著的宵夜三明治那樣，能為疲憊的身心靈，帶來可能類似溫柔鄉的撫慰與爽快。

🧄 蛋黃、培根生菜與麵包層層疊起的誘人切面

而這一切是在 2006 年看了亞當・山德勒（Adam Sandler）主演的《真情快譯通》（Spanglish）之後才發生的。關於三明治的終極想像；關於把喜愛的總匯三明治變成更令人愛不釋「口」的美國版本「BLT Sandwich」。

由名廚湯瑪斯・凱勒擔任食物顧問的電影《真情快譯通》，其中有一幕便是亞當・山德勒飾演的四星主廚下班之後在家自己做了個 BLT 三明治。而導演特寫三明治切開之後那蛋黃四溢、培根生菜與麵包層層斷面秀的誘人鏡頭，則堪稱整部電影裡頭最大的可惡（真的）。

於是那時候，我們幾個二十來歲的餐飲小人物在下工之後，便常窩到我那小小的公寓頂樓加蓋，用各種麵包與大量橄欖油如法炮製這個三明治。猶記得當時，只要半夜煎起培根，巷子裡依稀都會傳來幾聲似乎在透露著抱怨與哀號的謎樣狗吠。

就是這樣帶了點詼諧與浪漫在回憶裡，而我後來則將它真正實踐了在那家叫做貓下去的餐廳裡。那就是一款我所喜愛的總匯三明治；就是我們致敬也創造、一個自己真正喜愛的，BLT 三明治總匯版。

作法是選用了濕度相對不太高、口感較不 Q 軟，但是烤過之後會呈現鬆脆質地的山形英式吐司，在兩片吐司之間抹上美乃滋，為的是阻隔濕氣，讓三明治不容易因為內層食材的熱氣水氣，而使吐司快速變得濕軟。接著在蘿蔓生菜與番茄上面撒上鹽巴、胡椒以及少許橄欖油，像是在做沙拉，這會讓三明治咬下之後不會因為食材的水分導致風味被稀釋。最後是蔬菜與培根、一片起司與煎得剛好熟的荷包蛋，依序放在兩片吐司中間，好好壓緊之後，再沿著對角分切，就成了。在貓下去，會配上熱炸的粗薯條與三明治一同上桌，就像是一份美國風格的 Daily 食物，只是換用了更好吃的日系吐司而不是鄉村麵包或傳統四方吐司來呈現。

🧄 一間理想餐廳必備的 BLT 總匯三明治

從第一天開始到現在，整整十四個年頭，貓下去的 BLT 總匯三明治，就沒有離開過菜單，也沒有一天不受到歡迎。即使某些年略微更換作法、調整抹醬、更換起司，改了分切方式，但它始終都在餐廳裡的每個餐桌上，日復一日年復一年，默默被召喚、被製作、被端上桌去好好地服務大家那個喜歡吃著三明治找到滿足感的寂寞芳心。

與一個沒有具體說出來的三明治俱樂部。

這就是貓下去從徐州路十七坪那家小店再到敦化北路二百坪的大間店，那一個沒有明說的服務使命，是理想的餐廳，就一定要有一份用吐司、奶油或美乃滋、番茄與生菜、火腿或培根，再加上一顆煎得恰到好處的荷包蛋去組合而成的上好三明治。

只是在貓下去，你可以搭配的就不只是咖啡奶茶或是果汁與汽水了。我們一直最為人稱道的享受是，一口三明治一口熱薯條，一口痛快的啤酒、啜飲美妙的紅白葡萄酒或者就是，點個一杯又一杯，你可以從白天喝到晚上的，心愛雞尾酒。自始至終，這都是我想要的貓下去可以給上的，一個舒服又自在的，台北角落。

好多愛、好開心、好多人，好好吃。好有畫面感。我想這就是一個三明治之於一家餐廳的靈魂所在。

2019 年開始，我們將原本使用的山形吐司換成了一樣形狀的蜂蜜吐司，是在「嗜甜」這件事情上的一次貓下去家常菜再創作。烘烤過的蜂蜜吐司香氣更為誘人，是意外的靈感但結果也不意外的讓大家又，更愛來吃，這個近年，世界上只有台北貓下去這樣在製作的獨家三明治了。

貓下去蜂蜜吐司總匯三明治
Honey Toast "BLT" Sandwich & Fries（2023 年版）
培根、生菜、番茄、荷包蛋、蜂蜜吐司、千島醬，會配薯條，然後你會需要很多的紙巾。

2∣ 深夜廚房的男子與三明治

電影與我,一則寫於雜誌上的短文

那些關於身穿白色制服的廚師所存有浪漫的幻想,
其實都和他沒有太大的關係了。這個當下,其實,
他只希望一個宵夜三明治能好好給他所需要的生理慰藉罷了。

SPANGLISH

其實，他也想要有一點屬於自己的時間。但如果還當著廚師的一天，那麼從早到晚的工作，就是穿上那身純白制服的天命。當每個人希望藉著美好的食物來放鬆與享受的時候，就是他需要付出自我的時候。很多人都不了解的是，其實廚師與那些火裡來水裡去的工作，和錢是沒有直接關係的，那其實只是一種，視天賦為己任的心態罷了。

現在的他，其實也想要有點時間可以陪陪家人。如果可以的話，他總是希望能在週末排上假期，讓自己和家裡的人一同吃個難得的晚餐，甚至是，陪孩子們玩玩大富翁。現在的他，其實也不想要名氣與生意過於盛大，雖然人們都稱他現在正值人生的黃金時期，應該要盡可能地為工作與餐館的生意付出所有。他知道，名氣能為餐館帶來生意，讓錢不是問題，也能為他找到更多有能力的好手來一同工作。但這個全部想法的背後，其實都不是他的初衷。

他想要的，其實都是最簡單的事情。他只想要大家都開心，像個標準的天秤座男子那樣。他想要他的房子裡的每個人都開心，包含他的老婆、老婆的媽媽、兒子女兒，甚至是他的女傭，還有女傭的孩子；他想要每個和他一起工作的人都開心，包括他的二廚他的三廚與他的洗碗工。當然，他更希望許多人能很輕鬆地在他的餐館藉著美好的食物找到一刻短暫但值得的開心。

所以圍繞著他的世界，其實對他充滿了誤解。他們以為一個廚師想要的，就是功成名就，就是成為上流人士，成為媒體寵兒，成為一個備受景仰的廚藝大師。他為了這些其實常常不開心，他為了這些名氣延伸出來的種種其實感到不安。實情是，他總是在只有自己一個人的時候，才最能找到平靜與只屬於自己的開心。

結束一天疲累的十五個小時的工作之後，他在深夜回到家，一個所有人都已經熟睡的房子。他為自己煎了幾片培根、一顆荷包蛋，烤上兩片鄉村麵包，做了一個簡單的 BLT 三明治，然後配上一瓶精釀的濃醇啤酒。所有的誤解，其實都在這個時刻獲得了沉澱。在一個只有屬於他自己的時間，他想要的，其實都是最簡單的東西，頂多，再加上一份今天早上沒空看的報紙，就這樣。

那些關於身穿白色制服的廚師所存有浪漫的幻想，其實都和他沒有太大的關係了。這個當下，其實，他只希望一個宵夜三明治能好好給他所需要的生理慰藉罷了。

—

《真情快譯通》（*Spanglish*），由《愛在心裡怎知道》（*How Do You Know*）導演詹姆士‧勞倫斯‧布魯克（James L. Brooks）自編自導，亞當‧山德勒主演。是一部關於一個嶄露頭角的大廚與他的家庭裡所聘用的女傭所延伸出來的故事所譜成的電影。如果你對於廚師這個行業還存有太多美好幻想，那麼，這部電影大概是把廚師的所有美好形象拍得最好的一部了。而裡面烹製的宵夜三明治，則是現實世界裡所有廚師們在宵夜的時候，都會想要來上一個的好傢伙。這部電影裡所有食物的畫面之所以經典，乃是因為所有烹飪手法以及廚房畫面，皆是素有美國最佳廚師的湯瑪斯‧凱勒以及他的餐館的「法式洗衣房」所製作以及拍攝。

宵夜培根荷包蛋起司三明治

Late night BLT sandwich with fried egg & Cheese

2 片法式鄉村麵包（Pain de campagne），切片烤過

3～4 片上好培根

2 片奶油萵苣（或普通綠生菜）

4 片番茄

2 片 Monterey Jack Cheese（或任何你喜歡的 Cheese）

1 顆你買得到的好雞蛋

1 大匙美乃滋（或美乃滋當底的塔塔醬，吃起來會更夠味）

1 大匙奶油（Butter）

海鹽與現磨胡椒

—

將培根煎到酥脆，放在廚房紙巾上把多餘的油吸乾備用。將兩片烤好的麵包上都塗滿美乃滋，一片放上起司，再次放進烤箱烤至融化。以另一片當底，然後鋪上培根番茄以及生菜。

取一只不沾鍋，用中小火將奶油融化，接著緩緩地倒入蛋，烹調至蛋白凝結蛋黃仍未全熟時，小心翻面；鍋子離火，將蛋輕撥至生菜上，然後蓋上另一片有融化起司的麵包。將三明治盛盤之後，由上輕壓，插上牙籤，然後對切。當 Runny 的蛋黃從三明治裡緩緩流出時，我想，應該沒什麼比這個宵夜三明治看起來更可口的了。

（原文寫於 2012 年 1 月《cue. 電影生活誌》）

22 關於啤酒，我說的其實是……

那些餐酒館氣氛之於貓下去的一開始

這幾年我常在想，

就職業生涯來看，其實有點說不上來的怪異感。

畢竟這真的都只是一個酒鬼的養成之路所致。

大概是受了很多九〇年代的日劇與漫畫、日本飲食節目，居酒屋燒肉店與日本料理文化的影響，我在千禧年進到餐飲學校之後，就和同學們一起迷上了喝日本啤酒的習慣，甚至可以說是愛好。在當時還阮囊羞澀的學生時代，只要能喝個日本生啤酒搭配簡單的日本食物，比方超市晚上特價或是好市多買的壽司大集錦，就足以是天籟般的人生享受了。

而讀了村上春樹的書之後，則更加重了對於喝啤酒的品味與人生觀。如果你也是他的書迷，像我這種把早期散文與小說都讀完的人，肯定會點頭同意我的說法。他這個戰後世代帶著美國靈魂的日本作家，根本、就是，把喝啤酒這件事情當成是活著的必需了。寫作時喝啤酒、殺時間喝啤酒、看棒球喝啤酒、煮菜時喝啤酒、與女孩攀談喝啤酒，甚至是在那本《關於跑步，我說的其實是⋯⋯》裡頭他也說過跑完步之後一定要喝個冰涼的啤酒，而且還強調要是大罐的才行（笑）。

於是啤酒對我來說就在那時候，開始成了很重要的飲食習慣與儀式之一。吃飯要有啤酒，放鬆要有啤酒，開趴要有啤酒，寫文章的時候如果在晚上就先來一瓶啤酒。那是有別於還在迷戀英美嘻哈樂團音樂文化時期，只要是美國與英國啤酒就好喝就好棒的另一個新階段。關於啤酒，尤其是生啤酒，開始在我的生活裡，成了真正有情感的一個部分、一種依賴。或說，成了一種身分認同，與靈魂所在。

到了「酒點鐘」的時候啦

窮的時候喝台啤，到海產店就喝 Asahi，沒事搞文青就找比利時啤酒來喝，在家陪爸爸吃飯時就喝荷蘭海尼根。無處不在的啤酒想想也挺有滲透力的，伴我成長了整個青春期，直到後來定居台北還開了一間叫做貓

下去的小餐館。也意外到了這一步是竟然自己可以決定要賣什麼啤酒了。於是也就弄了個小冰箱,學著師大的藝文咖啡館在裡面塞滿了裝 B 的歐洲啤酒然後還擺了根啤酒柱從白天到黑夜都供應著冰涼現壓的嘉士伯(Carlsberg)生啤酒。

那是個我們還崇拜著安東尼‧波登與戈登‧拉姆齊和馬可‧皮埃爾‧懷特(Marco Pierre White)這類狠角色的英美名廚搖滾廚房時期,也是每晚在出餐告一段落之後的九點鐘,就會開始供應自己人「酒點鐘*」的初出茅廬貓下去青澀年代。

啤酒啤酒與啤酒。反正那是不管等等還要喝什麼葡萄酒或是威士忌與雞尾酒,開場白沒有不是以一杯或一批冰涼啤酒來當作序曲的。對我來說那就是青春的味道(到現在還是)。各種啤酒能代表能給予能根植到身體裡頭的記憶,都是有機的,都是持續增長的。而一切也就是這樣藉著一口一口地咕嚕咕嚕喝下去,成了我們的形象與氣氛,成了我們某個記號與標籤。

「是的,走吧,去貓下去,去找阿寬他們喝一杯啤酒再說啦!」

就是這樣的場面形塑了貓下去的初始。有別於美式餐廳與啤酒主題餐廳的盛大,我們那小小餐室與門口外的小小區塊,是每天都有人拿著刀叉分食食物,都有人在桌上擺滿了酒,而那個所謂的餐酒館與「尚屬」小眾的精釀啤酒等字眼,也就在我們開始每天每晚都讓大家擠進這個歡樂角落又吃又喝之後,成了貓下去的代名詞與特色物。2009～2010 年,也就是因為很多啤酒同好會於此相聚,所以讓這家叫做貓下去的小餐館,開始帶著可能有點類似群魔亂舞的飲酒魅力,讓所謂質感青年裡性

好此道，但說難聽一點就是有點社會職業的酒鬼們，開始慢慢匯集到這處只要夜晚燈亮就有人，有人就有熱鬧喧譁的餐飲奇幻場景裡頭。

一處能享用各種好酒與食物的台北角落

也幾乎是什麼啤酒都賣過，在初期那幾年，德國英國美國日本的，有名氣的有特色的，黑的白的大麥的小麥的，直到後來丹麥米凱樂（Mikkeller）這劃時代的品牌出現之後，才自然而然地，讓我們在當時有了調性與貓下去這三個字似乎較為合拍（的ㄎㄧㄤ）的厲害精釀啤酒。

而那也是喝啤酒有文青感這件事情，從比利時啤酒那一派別進入到了丹麥啤酒的濫觴，是喝啤酒也會容易醉到不省人事的一段開始。畢竟發酵方式與較高濃度的酒精，還有各式各樣不同類型的啤酒，常常會在同一個晚上或白天被吞進肚子裡，想想看，那個猶如裝了很多不同品牌的發

酵氣泡酒（比方香檳）的身體，就像是個雞尾酒槽，就像是個人型調酒器，而整個狀況到後來就都變成了喝酒老前輩說過的那樣：

「憨頭，混喝就是很容易醉啦！」

所以嚐鮮是一回事，可以認識不同型態的啤酒是一回事，在大量飲用啤酒的各種理由裡，貓下去就默默成了啤酒專賣店與酒吧之外，另一個有各式食物可以助興的美好所在。**「日日宿醉，神威顯赫」這順口溜也就在這一荒謬又怪異的餐酒館氣氛裡，被一批喝著精釀啤酒的高知識書呆子給說了出來獻給貓下去。**

歡樂角落，從徐州路到敦化北路，我們就跟著這個鮮明的飲用啤酒進化史，一起成長一起變大，一起發現新鮮事，但也一起跟著熱潮消退之後回到了初衷與根本，是認真去思考，我們喜歡喝的啤酒，那最好喝的樣

子，或許，應該，就還是要清涼順口、解渴開脾，才是吧？就像是尚青尚經典的台灣啤酒，就像是日本那些知名大牌啤酒，基本上，除了口感不同配方各異之外，其實都是形式雷同的麥芽啤酒，都是拉格與皮爾森，而那也就是我們一開始所認識、愛喝了大半輩子也持續喜愛的「那種啤酒」。

2019 年，在貓下去的第十個週年，我們與啤酒大廠金色三麥合作推出了第一款的「貓下去純麥芽啤酒」，就是針對這個「台灣人愛喝的啤酒應該是什麼」的邏輯去設計生產。而那其實是來自一個很荒謬可笑的念頭。某天，我在想著什麼啤酒才是大家最愛喝的啤酒時，突然想到，為什麼不能做一款自己的「台灣啤酒」呢？為什麼沒人想要用「我的台灣啤酒」來釀造一款好喝的麥芽啤酒，就好比方說是「貓下去の台灣啤酒」呢？

🧄 做一款大家喝了大半輩子並持續喜愛的那種啤酒

當大家都急著想要找一些不同的風味加進啤酒一起釀造時，我其實只想著如果台灣賣最好的啤酒是台灣啤酒的話，那我們為什麼不要來做一款自己的台灣啤酒？

嗯，因為台灣啤酒這幾個字你不能用。

後來請教了有法務背景的啤酒迷，簡單解釋是「這幾個字是國家在用的，你不能用啦」。

然後大家可能也真沒想過都做「精釀啤酒」這麼多年了，為什麼還會想要回頭去做一款「台灣啤酒」？

所以後來我們用了「純麥芽啤酒」當做主題，讓喝啤酒的人一看就會明白味道大概，並冠上貓下去之名，第一批啤酒五千瓶光在餐廳內銷售，半年就近乎售罄，真的是很貓下去風格的一種諷刺成果；而這真的也只是一種從愛喝啤酒到賣了多年啤酒之後的對於餐廳人性的理解所使然。

因為它很涮嘴、帶勁，酒花香氣撲鼻，是用精釀製程的皮爾森來比擬台灣啤酒的拉格，對於愛喝啤酒的人來說，是一喝就會懂，一喝就可以喝個一手兩手（不在乎價錢的話）的好東西。貓下去啤酒後來也接連再增加了幾個品項成為一個系列，並在隔年疫情之中，去到台北新莊棒球場與富邦悍將棒球隊聯手供應了半個球季，號稱「中華職棒史上球場出現過品質最高（據說啦）的暢飲生啤酒活動」。

從一個小時候偷喝啤酒到愛喝啤酒，再到自己監製了幾款啤酒的人，這幾年我常在想這樣的一路走來，就職業生涯來看，其實也有點說不上來的怪異感。

畢竟這真的都只是一個酒鬼的養成之路所致。

而真要說餐酒館這三個字之於貓下去，在談論是怎麼可以年復一年，愈賣愈多雞尾酒與葡萄酒之前，其實啤酒呢，才是最早讓我們一頭跳進這種會讓大家集體發功（瘋）的經營模式之始。是真正的飲料之王。是搭配各種食物，吃著沙拉、啃著炸雞、吞著義大利麵與漢堡牛排薯條時，都能給你洗刷味蕾與開懷享受的最佳陪伴。

如果你也喜歡喝點酒，來佐餐。
如果你也懂得，享受啤酒的爽快。

＊「酒點鐘」一詞來自於某年我讀了一本怪書叫做《洗遍天下》（*Dishwasher*）。內容記述的是作者彼得・喬丹（Pete Jordan）遊歷世界當洗碗工的所見所聞與勵志故事。這一詞在我們的使用上，顧名思義，就是九點鐘一到，我們就會端上冰涼的酒精飲料給廚房那些剛經歷過爐灶戰場滿身熱氣與汗液的廚師們，讓他們，好好地，解渴一下。

23 啊你們葡萄酒要插吸管嗎？

在你最愛的餐廳總有最荒謬但愉快的各種記憶

我在貓下去這主場地，
先是證明自己懂得服務酒與食物的每一道經緯線，
並開始展現這家餐廳能遊走於自己營造出來的離經叛道那魅力。

餐飲職業生涯二十年多一點，很多人不知道，我其實在外場做服務工作的時間，多過內場廚房很多。而且我時常要和人解釋說，並不是去念餐飲學校都是在學做菜，也不是畢了業就真的會做菜，好嗎？

我其實是念管理的，餐飲管理。負責的是廣泛定義的外場服務工作以及餐廳規劃與營運事務。這裡頭包含了後來成為顯學的葡萄酒與侍酒師，咖啡與雞尾酒師的職能訓練，端看你要不要自己去投入、去深入，然後成為真正的專業（因為學校課程大都是帶你認識入門基礎而已）。

🧄 在法式餐廳養成品酒力

我要說的是從餐飲學校畢業，去當完了一年的伙房兵之後，我其實還是很犬儒的先到了台北做外場侍應的工作，而且還是在一間頗為高級、隸屬於某個書店賣場為主體的集團裡的法式餐廳兼私人招待所，一邊想辦法先賺錢謀生，一邊等待著雜誌社或廣告創意的相關工作機會。

餐廳規模不大，外場服務夥伴連同經理與副理、兩個資深外場加我，也不過五個人。廚房編制也不大，主廚與副主廚外加幾個助廚，就這樣。因為餐廳價位與位置隱密，生意並不算太好，很忙的時候多數是老闆與友人的品酒會或餐會，又或是因為人力不足，需要服務突如其來的客人，才會讓工作變得繁忙。

即使如此，在這個餐廳半年的外場工作時光裡，是我這輩子第一次接觸到高端法式餐廳的服務方式，以及真槍實彈的高級葡萄酒服務工作。簡單說來，因為閒不下來，在大多數沒有客人的時間裡，我會站在吧台裡值班，一邊看著林裕森的葡萄酒書，一邊現學現賣，把新鮮的酒知識，

用在講解與服務客人桌上的那些酒上。或是就直接去看酒單找餐廳存酒，認名字、認酒標、認價錢，也認產區地名年分好壞等等。有時候如果是老闆的餐酒會，我們便有機會服務更多較為「妖怪（高級數）」的酒，就又會把酒瓶留下來，自己好好做功課。不管是勃根地或是波爾多、左岸或右岸，香檳與德國白酒各式甜酒甚至氣泡礦泉水，我都是在那個小小的餐廳裡面，像是密集特訓班似的，學到了很法式葡萄酒知識以及服務酒的真正方式。當然還有和客人的應對，我也是在那個地方，第一次服務了真正的饕客與高端人士、社會賢達。

🧄 開一間台北街頭沒出現過的小館子

也是在這裡，我第一次發現自己對於吃西餐喝葡萄酒以及在餐廳供應菜色上的某種歧見。我想那就是我第一次知道有一個東西、一種餐廳，是法國有、美國有、日本有，但就台灣沒有，台北沒有的。是不用附庸風雅，不用正襟危坐，不用裝 B 假掰，不用花大錢就能吃份牛排或烤雞、吃個沙拉或三明治，吃盤義大利麵或燉飯，並且配上幾瓶不賴的葡萄酒，甚至點上一些啤酒與雞尾酒的地方。

就像我們三五好友與同學平常會在家裡，做做地中海菜給自己吃，然後喝上幾瓶好市多買的平價葡萄酒那種樣子。就像我們多年來在書本與電影與網路裡頭都看過的，尤其是巴黎與紐約這兩個地方都很常出現的。那個叫做 Cafe、叫做 Bistro，叫做 Pub 或叫做 Bar 的小餐館、小館子、小酒館、小吃攤。裡面的菜色不脫就是我們很愛的基本西餐家常食物、法式或美式或英式義式西班牙式，也可以有點日式改良，然後供應各式飲料以及一定有的，充斥裡頭的，大量葡萄酒選擇。

那是美式餐廳與早午餐正流行的 2007 年，是法國餐廳與義大利餐廳外加美式牛排館就等於高檔的年代，是平價義大利麵餐廳方興未艾，葡萄酒與雞尾酒還並沒有真正普及到大家都去得起的餐廳與酒吧的年代。

更沒有牛排薯條、義大利麵，燉飯與沙拉與三明治同在一起而且做得美味的西餐小館子。我想像那是大口喝酒吃肉說笑擠擠吵吵，然後充滿年輕氣味也有生活藝文品味，外加些許時尚名人以及餐飲同業會聚集的地方。更多一點想像是，如果是我的店，那就更要有一點文字搖滾電子音樂與叛逆的痕跡在裡面。**就像是安東尼・波登在書上形容的那種紐約才有的餐**

館或酒館，供應好東西但風格特異，而更多一點的想望，是要像海明威
（Emest Hemingway）在《流動的饗宴》（*A Moveable Feast*）書中提過的
那種，作家們會常常聚在其中喝著葡萄酒吃簡單法式食物的街口小所在。

讓酒鬼與好食者都著迷的地方

這就是我開始思考後來的貓下去要是什麼樣子的濫觴。就是撤除形式之
後的吃西餐、喝葡萄酒，聽著我這年代的流行音樂，然後看人與被看。

這就是一開始的貓下去與成名在望的當下氣氛。就是開始端出牛排與薯
條，搭配大杯又價廉的美國與新世界卡本內紅葡萄酒。讓人啃著三明治，
喝著一杯又一杯清涼帶勁的紐西蘭白蘇維翁葡萄酒。甚至是用葡萄酒加
進酸甜、烈酒與氣泡水，做成水果雞尾酒，變成可以白天喝也可以晚上
喝的佐餐好搭配。也開始服務來自各處各種不同品味與社會階級的人，
因為我們還真懂得服務葡萄酒。也愈來愈多人來吃飯喝葡萄酒，因為我
們挑選了很多不賴又價廉的葡萄酒，包含紅的白的氣泡的各種國家的。

而最終呈現的是貓下去，在當時，是裡頭的客人們也不再拘泥於那個其
實不用太在意的所謂餐酒搭配。因為我總是會說，**吃飯喝酒，就是吃好
吃的東西配你覺得好喝的酒，就可以了。** 經由那些從學校到高級法國餐
廳的歷練、餐廳內外場中西餐工作的認知加總，我在貓下去這主場地，
先是證明自己懂得服務酒與食物的每一道經緯線，並開始展現這家餐廳
能遊走於自己營造出來的離經叛道那魅力。我想這或許才是貓下去在西
餐快炒小館時期能讓酒鬼與好食者都著迷的地方。是自成一格，但又言
之有物，是太有個性與太多規則，但又真正懂得服務必須要在意與喜愛
著這裡的每一個客人。

簡單說，我與一開始一同工作的同學們就是科班出身，但又自己去打破了刻板印象的年輕餐飲人，在當時。並且隨著時間推演、生意爆紅，我們愈來愈熟練每一項遊戲規則與人性弱點，葡萄酒也愈開愈多，愈倒愈大杯。當時候我發明了個話術常引人發笑，並在貓下去一路沿用了十四年直到現在。我想夠資深的老客人都知道那句話就是：

「續杯不打折，但會給你大杯一點。」
而至於大杯一點是多大杯？
少則給你近兩倍的量，多則把那一瓶葡萄酒裡頭剩下的通通都倒給你。

情況是一開始客人都會很開心，覺得真好有賺到，但後來則是讓客人愈看會愈害怕，因為我們還真的沒在手軟，咕嚕咕嚕地一直把酒倒進酒杯，反正只要能喝就都給你，反正酒放著也是過期，就全部都倒給你，看能不能，喝死一個是一個。那個心態與狀態就是我們有名的千萬別在貓下去軟土深掘，不然我們一定會招待到你喝不下去，醉到永遠記得為止。

🧄 這就是餐酒館存在的必要性

我想這就是我們開始被稱作餐酒館的由來。每晚的夜夜笙歌，桌桌有酒，門外時有黑頭車，而小小二十個位置的餐廳裡，則有各種社會人士齊聚在擁擠位置上，聞著油煙（或香氣），喝著玻璃杯中的孟婆湯，吃著中餐西做的食物，暫時想像自己是離開了台北，到了可能真實或想像都好的，紐約東村下某個祕密的歡樂基地。

那時常會邊開酒邊開玩笑跟一些表明很渴很想趕快喝到酒的客人們說：
「還是插吸管給你們喝，比較快？」

畢竟冰涼涼的氣泡酒與白酒，老實說，這樣喝，最上頭、最爽快，最像貓
下去會幹的事情，就是你最愛的餐廳總會有最荒謬但愉快的，各種記憶。

事後回看我們一路走來的方式，不能說是餐飲學校那四年把我養成一副
酒鬼的樣子，但確實是因為去唸了國立高雄餐旅大學那四年，讓我與某
些同學同好培養了很深厚的交情，也才有畢業之後那幾年，繼續分享工
作與吃飯喝酒的各種喜怒哀樂，然後才知曉每一個關於喝酒與喝醉的人
性使然。尤其是葡萄酒。

這真的，並不是，一件好懂的事情。你得真心喜愛，全力擁抱，真正享
樂其中並且願意花上時間，去體會去安排去試驗去花上你可能賺到的每
一分一毫金錢，就為了搞懂這人類史上最悠久的其中一種酒類飲料。所
以這也成了我仍舊喜愛著餐廳現場工作的重要原因。

在小小的徐州路創始店，一年我們最多會用掉兩千多瓶的葡萄酒，到了
疫情爆發前的全盛時期，貓下去敦北俱樂部一年則會用掉七千瓶再多一
點的數量。我想這都是單一餐廳很難達到的「坪數績效」。我想這也是
我們至今依然被稱作餐酒館類型餐廳的必要參考之理由所在。

而這還只是葡萄酒被喝掉的量。
還不包含那些喝起來好像不用錢的一年好幾萬杯雞尾酒。

24 Louis Vuitton 旅遊指南

一則電子信件的內容

Hello,

It's a pleasure to inform you that your establishment Bruise Bar by Meowvelous Project 貓下去計劃 淤青小館 has been selected to feature in the Louis Vuitton City Guide Taipei !

Since 1998, the City Guide have been sharing their vision of city life through a handpicked selection of exceptional places, delivered with flair and conviction. On October 15, 2016, the collection grows with the addition of four new cities: Asmterdam, Lisbon, San Francisco and Taipei. The Paris volume has been updated and is packed with new addresses, as are Cape Town, Mexico City, Moscow, Seoul, Shanghai and Singapore.

Launch last November, the mobile application now proposes 29 world cities and thousands of addresses quarterly updated. Easy to use and to download on iPhone or iPad, the App is just a click away from turning you into a local.

You will find enclosed a complete presentation of these new collection launched on October 15 in all Louis Vuitton store and in a selection of bookstores. To buy our City Guides, please contact your nearest Louis Vuitton store, visit our website louisvuitton.com, or call our Clients services on (886) 2 2562 6118.

I hope that our guides will accompany you on your next travels !

Your faithfully,

Julien Guerrier
Directeur Éditorial

您好，

很高興通知您，你創立的「貓下去計劃 淤青小館」已被選入
《台北 Louis Vuitton 旅遊指南》！

自 1998 年以來，《旅遊指南》持續透過精心挑選的獨特地點，
分享他們對城市生活的看法，並且傳達獨特的品味與信念給讀
者。2016 年 10 月 15 日，該系列增加了四個新城市：阿姆斯
特丹、里斯本、舊金山和台北。巴黎版本目前已更新，並增加
了新的地點，開普敦、墨西哥城、莫斯科、首爾、上海和新加
坡亦如是。

手機 APP 版本於去年 11 月推出，目前提供數千個地點橫跨
全世界二十九個城市，並於每季持續更新。此應用程式可以在
iPhone 或 iPad 上下載，並容易使用，只需點擊 APP，就能
夠讓您有如在地人一般融入任何地點。

隨函附上 10 月 15 日在所有 Louis Vuitton 商店和特定書店
發售的新系列完整展示。如需購買《旅遊指南》，請聯繫離
您最近的 Louis Vuitton 商店，造訪我們的網站 louisvuitton.
com，或致電我們的客戶服務部門 (886)2 2562 6118。

希望我們的指南能在您下一次的旅行中陪伴您！

您誠摯的

朱利安・格里耶
策劃編輯

25 關於一場台北製造的，盛大紐約夢

那些喝醉後的夢想之地，是能到他鄉去表達我們的在地

意外去了一趟真的紐約待了七天，

去看了那些曾經啟發陪伴與給我目標的紐約餐館酒吧，

去吃了很多真實的紐約食物喝了很多紐約經典雞尾酒，

去呼吸了紐約的空氣與直視那個我們在台北其實沒有做得比較

差的自信心。

那幾乎是用一種妄想的美國夢在支撐自己經營信仰的荒謬時光。想要比肩紐約的餐館，在台北徐州路那家小小的貓下去，想像我們如果也在美國，會是什麼樣子的餐館。如果沒有紐約與美國的那個餐飲文化，我應該無法在貓下去走紅之後那些日復一日的經營掙扎與身心俱疲裡，找到信仰與方向。

啟發貓下去的紐約餐廳奇遇記

啟發我探究服務本質與紐約融合式餐飲生意的，一開始是紐約餐飲大亨丹尼‧梅爾（Danny Meyer）所寫的一本書叫做《全心待客》（*Setting the Table*）。他創辦了紐約這三十年來最著名也經典的餐廳如聯合小館（Union Square cafe）、感恩小館（Gramercy Tarven）、麥迪遜公園 11 號（Eleven Madison Park），以及台灣比較多人知道，後來走向世界連鎖的健康速食漢堡品牌 Shake Shack。

我時常把聯合廣場與感恩小館的菜單酒單印出來做功課，也分享給餐廳內外場的工作夥伴。接著是被譽為紐約夜間餐飲之王的 Keith McNally。他創辦的餐廳可能就是後來貓下去會被稱為餐酒館的許多原型與服務方式參考出處。

如時尚名人眾多的法式酒館餐廳 Balthazar、已經歇業的 Schiller's，還有古蹟改裝的酒館式餐廳 Minetta Tavern。我開始把雞尾酒的製作看得很重要就是從研究他的餐廳與酒吧而來的。然後是張錫鎬的桃福麵店和 Ssäm Bar 以及 Milk Bar。還有因為一本叫做《煉獄廚房食習日記》（*Heat*）的書而迷上的紐約名廚馬力歐‧巴塔利（Mario Batali）以及他所有別具特色的義大利餐館。

威佛利驛站（Waverly Inn）則比較特別，是因為一本叫做《飢餓主廚》（*The Hunger*）的書而知道的，據說也是名人眾多的餐館，但裡頭供應的美國傳統料理包含了比司吉與雞肉派，則在後來讓我著迷到一個不行。我在 2017 年去紐約短暫停留的時候，唯一去過兩次的餐館就是這一家，還在裡頭遇到了知名音樂家坂本龍一本人。

湯瑪斯・凱勒開在加州納帕酒鄉的世界頂尖餐廳法式洗衣坊、供應法式酒館菜的瓶塞小館，還有主打加州美式新派料理的 Ad Hoc + Addendum，則一直都是我烹飪各種西餐食物所參考的食譜來源；其中在紐約有分店的 Bouchon Bakery，也是讓我愛上很多新派美式家常甜點（比方自製 OREO 餅乾）的緣由。

另外還有一些在紐約的日式義大利麵餐廳、經典牛排館、披薩餐廳與美式家常餐館，也都時不時的成為我的靈感來源。我當時很愛一間米其林一星的小館子叫做點點豬，是由英國女廚師 April Bloomfield 所主持，就是供應家常酒館菜的地方，我在 2017 年去了紐約所吃過的漢堡與薯條裡頭，唯一覺得簡單又好吃到不可思議的，就是這裡了。還有另一家位在東村叫做 Freemans 的餐館，也同樣供應著簡單好吃的美式風味家常菜，連同電影般的裝潢情調，也給了我很多初期幾年對於貓下去在徐州路應該要怎麼營造自己氣氛的諸多想像。然而重點是每一家餐廳，不

管大或小，必然供應著雞尾酒，不管是哪種菜色與價位，都有著自己風格或主題的雞尾酒單，與啤酒和一些軟性飲料，放在了飲料單的最前頭。而這還不是葡萄酒單。這是兩個不同的主題。

🧄 培根雞蛋的獻身與奉獻

大概有六、七年的時間，我就是這樣藉著《紐約時報》與各種美食刊物網路評論去做著大量紐約與美國當紅餐廳的功課，與不同的夥伴在一年又一年的四季輪替裡，持續帶著貓下去做著進化與轉型。有趣的是我時常會成了很多美國回來或是很常關注美國餐廳的朋友可以聊天的對象。而我也喜愛去研究紐約與倫敦老飯店的菜單，翻譯裡頭供應的食物飲料單字，不管是奢華或老派的，或經典又有故事的，然後這就會連帶一起看了很多充滿歷史的經典大廳酒吧與充滿古典意味的雞尾酒單。

做著美國餐飲工作的人總有個比喻是培根與雞蛋，培根是獻身，雞蛋是
奉獻。而那些年我想我就是在這樣的既獻身又奉獻，在餐廳的大小工作
事務裡，和貓下去的所有年輕工作者們，一起累積了一種其實沒有出過
國，但又有諸多可以讓人聯想到國外，尤其是紐約的某種地方與餐廳以
及食物的自家獨特經營與烹飪手法。而這其中也包含了我們那不停擴張
範圍也精進的雞尾酒、葡萄酒還有啤酒的供應量體與品質。

那幾年貓下去獲得的讚譽與負評相當，用餐時間上的限制是我們的罩
門，老闆脾氣差是一種形象，餐廳很任性則是一場誤會但無法解釋。畢
竟小餐館真的有很多難處，不需為外人道，供應的食物有時候不被理解
也會招致批評，但唯獨酒類供應上，我們始終保持著還算獨特於台灣所
有餐廳的龐大「消耗」量。

平均如果一個晚上有七十個客人，我們就會出上將近七十杯調酒和飲
料，葡萄酒與啤酒的空瓶則是每晚都會塞滿那個餐飲專用的灰色大垃圾
桶。我想也是那時候我們開始在所有餐酒館這三個字所形容的範疇內獨
走，而且銷售績效也是所有酒商都清清楚楚明明白白只要我們決定要用
某一款酒，那麼一年下來的整體用量，保證絕對驚人。

而這都是北歐菜開始成為世界主流，而江振誠為台灣帶來高端廚藝的國際風潮前的事情了。也是我在經歷過好幾次人手短缺、考慮歇業，然後又反覆說服自己還是得繼續讓貓下去履行承諾、找到出路以及擴張自己之前的事情了。

🧄 一連串不常見的餐廳經營挫敗史

說到這，其實在離開徐州路小店搬到敦化北路之前，我與貓下去總共經歷了兩次改裝，起因都是為了讓工作環境變得更理想。也從「貓下去café」開始換了幾次名字包含「貓下去西餐快炒小館」、「貓下去計劃」，最後再到一段只營業八點到凌晨一點時段的「淤青小館」（是淤，因為想要像個洋人會寫出來的錯字）。這其實是一連串不常見的餐廳經營挫敗史，也可以說是我的職業生涯變化史。營業額與酒類銷售再到烹飪的技術進化與我個人的飲酒量，都隨著名字的變化，開始逐年成長（嗝）。但小店難為，痛苦指數與人的來來去去以及成本高到賺不了太多錢的問題，加上愈來愈多類似的小店出現，這一切，便開始像個鬼魅一樣糾纏著我，日日與夜夜，時時又刻刻。

而我一直想像與認為著，我們能到紐約做不同於其他華人能做出來的食物飲料，也能做到別人沒有的台式餐廳服務。但我也認知到這樣一家台北原創的小店只會將我困住，並且持續面對各種資源與人力短缺而已。所以 2014 年之後，我將小餐廳先公司化，接著兩年後在新股東們的支持下，去做了更大的冒險，也就是挑戰了後來在敦化北路暱稱叫做大貓的「貓下去敦北俱樂部」。

當然接著而來的是更多更巨大前所未見的痛苦（笑）。

🧄 為什麼新菜色不能只強調台北？

但這一步一步地一路走來，也好像是命定似的，在 2017 年受困於全然不同的經營瓶頸時，意外去了一趟真的紐約，待了七天，去看了那些曾經啟發陪伴與給我目標的紐約餐館酒吧，去吃了很多真實的紐約食物，喝了很多以紐約行政區命名的老經典雞尾酒（像 Manhatta、Bronx、Brooklyn）與誕生於紐約的新經典雞尾酒（比方盤尼西林 Penicillin），去呼吸了紐約的空氣與直視那個我們在台北其實沒有做得比較差的自信心，直到最後一晚登機前，在張錫鎬的一間義大利麵餐廳遇到了一個韓裔服務生，在閒聊間問了我一個問題。他說：

「What is your origin ？」

我先是回答了 Chinese，但想想不太精確於是又強調了是 Taiwanese。
他說他知道不同，他說他知道台灣。
然後說來也奇怪，就在離開那個餐廳到機場的那段時間，我想了一些後來影響貓下去很多的問題是：

為什麼我們會只講紐約而不會講美國？
為什麼只講紐約餐廳的食物與雞尾酒？
為什麼我們不能也強調台北而不再強調台灣？
為什麼不能有台北的新家常而只能有新台菜？
為什麼不能把台北放大？有點國際感的來談這個城市自己的餐廳與食物飲料甚至是獨特於世界的小風格呢？

對於我們這個世代與我這樣的餐廳經營者來說，台灣味有高端廚藝名廚們在談論，而我與貓下去的小格調，或許應該只回來談台北人會愛吃什麼，就好。

新台北家常菜的雛形，就是從那時候開始萌芽的。

而雞尾酒，如此重要的紐約餐廳必備元素，我回頭來看自己的處境，關於一家台北餐廳要怎麼運用我們的語言、獨有的幽默趣味，與討喜手法來設計與服務看起來有國際感的餐廳風格雞尾酒，也就成了很重要的定義因子。那勢必不是當時台北那些老牌酒吧與夜店供應的經典老派、英式新潮，與渡假風雞尾酒的變化而已，也不是已經慢慢變成顯學的悄悄話（Speakeasy）雞尾酒吧那種運用廚藝技術去調製高端手藝飲料的服務方式。

我知道必須要回到餐廳角度，用討喜又易懂且充滿詼諧異趣的方式，從酒單設計開始，讓雞尾酒像是我們原本就會喝的飲料那樣，以更有藝術與文化、但簡單不複雜的姿態，進入到餐廳的服務語言裡。讓原本只存在於舊日那些大型美式餐廳的雞尾酒氣氛，被轉譯到貓下去敦北俱樂部的現實時空裡。

這也是後來貓下去敦北俱樂部開始夜夜都能被喝上兩三百杯雞尾酒的關鍵改變。是走出那個既定印象訂出來的櫃子真正地去做自己、真的去愛自己，去讓自己成為一間討人喜愛、屬於世界的，台北餐館。

FRIES
BEFORE
GUYS

FOODS BEFORE DUDES

思念的賓哥:
祝福你新店開張客人多到!
上新聞被客訴
HAPPY NEW YEAR

獻給紐約與安東尼・波登／寫給《非關男孩的俱樂部飲酒指南 2018-19》的前言

一切都是從波登開始的。

是他的那本《安東尼・波登之廚房機密檔案》帶著我走進了電影裡頭不會看見的紐約餐館，黑色幽默，還有他所形容的那種，美式壞趣味。是他讓我看餐飲的角度變得和其他人不同，那是我的周遭同學都還在迷高級法國料理、日本精緻飲食的餐飲學校時代。而我卻開始迷戀起紐約，迷戀更多酒肉橫流的法式小酒館，迷戀飲食書寫以及那種似乎必須會的酒精咖啡成癮的餐飲人生活。

然後我從外場工作走進了廚房，接觸真實的餐館烹飪，持續書寫，經歷許多不同遭遇。直到某天在一條小路的老房子前，我和幾個同學用了紐約給我的啟發，開始了叫做貓下去的這一切。

九年的時間過去，和人一樣，貓下去在日復一日的生活歷練中，變得更成熟、更堅強。從一間小店，然後換到了更大的地方，我看著貓下去變得更獨特，也更有台北代表性，而更多時候，我會開始想像，是不是把它放在紐約，大家也覺得可以了？

我們的創意、經營的方式、服務的精神以及食物與飲料。

2017 年 10 月一趟真實的短暫紐約行，讓模糊的想法逐漸變得清晰：貓下去要做的是一間能代表台北的餐館，一如那些知名的餐館在紐約。

2018 年 7 月，我們大膽推出了很「台北」的概念菜單，叫做「給

台北的新家常菜」，接著便開始構思，那麼新的雞尾酒單，該是什麼樣貌？從前年開始的那本《非關男孩的俱樂部飲酒指南》，從一群冠軍調酒師開始的風味奇想，到回頭來做更接近餐館本質的簡單雞尾酒，然後經歷了這麼多的活動與各種嘗試，我想似乎可以更大膽地來表達自我，或說，和菜單一樣，不再隨波逐流。

於是向紐約致意的主題就自然而然地形成了，而出發點是從紐約行回來之後我便已經完成的五杯以紐約行政區命名的經典雞尾酒。畫家 2dogg 則給了一個更大的「中國城」概念，把我們所想的所有雞尾酒，在意識形態上，弄得更「華人」、更惡趣、更男孩的壞以及更引人入勝的怪奇。

這是一份融合了經典與搞怪，並歌頌美式雞尾酒的易喝與重酒精的雞尾酒單，也是一個在藝術層面上，向我們鍾愛的紐約元素做翻玩與致敬的大膽嘗試，每杯酒的定調都有它的背景來由，也有很貓下去的手法在裡頭，不複雜，容易喝，總之，一看就知道是俱樂部男孩們所做出來的貓下去雞尾酒。

獻給紐約，以及未來，所以放進了蛋蜜汁，因為這就是我們的 MILK PUNCH。

獻給安東尼・波登。與其寫一篇懷古你的文章，時常可以和你喝上一杯，或許，會更有趣一點。

陳陸寬
2018 年，夏末

感謝 ACKNOWLEDGEMENT
費拉、整個貓下去團隊、2dogg、孫瑞婷、壞 Howard、GN
THE MARITIME HOTEL、Pouring Ribbons &
雀兒喜某個我們第一晚在紐約喝酒的咖啡吧。

27 紐約的朋友，紐約的雞尾酒

這就是那個你沒聽過的關於貓下去是怎麼讓你喝醉又心甘情願的故事了

我那個關於雞尾酒的原鄉、
想要做的諷刺與蠢事、以致荒謬惡趣，
再到看著客人們其實超喜愛到不行但又不敢大方承認的白目企圖，
就在這份來自紐約的朋友與致敬紐約的雞尾酒單裡，
刻下了我職業生涯的某部分墓誌銘了。

時間是 2017 年秋天。那晚下榻 THE MARITIME HOTEL 的時候已經
近午夜，紐約的初體驗剛從一場高額的 Uber 接駁車鬧劇中結束。旅館
倒是很電影場景，從大廳的氣味到厚重的藍色電梯門再到小巧但是迷人
的房間與船屋式的大圓窗，都是。

還沒什麼地理概念、剛下飛機腦袋空空的兩個人放下行李之後決定出去
晃晃。這時候我還不知道我住在 CHELSEA MARKET 斜對面，也不清
楚原來過了一條街就是肉品包裝區。我只看到了飯店隔壁有疑似夜店的
門口有保全和都會男女聚集，然後飯店樓下是一間叫做「道」的時髦中
餐廳。飯店旁有一家小巧且布滿霓虹燈色的披薩店叫做 STELLA，裡面
只有一個拉丁裔臉孔的店員還戴著墨鏡就站在櫃台後。

🧄 一杯雞尾酒該有的樣子

我們往看似有燈的方向走。沿著一些大型建物與街區晃蕩，經過一些還
有人的小店以及像舞廳入口的街區轉角，然後坐進了一家有酒吧與餐桌
後頭也有 Ballroom 的 Bar。吃了生蠔、點了一杯喝完就沒印象的 House
cocktail，那是我第一次看到以往只能在螢幕與雜誌上的雞尾酒看見的那
種超大枝裝飾薄荷葉。

然後我們往回走，回到了一間從黑底白色字招牌就會讓你覺得可以窩進去的小店，即使它招牌上寫的是 COFFEE，但因為門外站著一些有點 Hipster 的男女，我覺得是可以走進去看看的。

店內很小巧，前頭有一群人站在咖啡式的吧台，手持啤酒與各式杯子。然後我們往後走，在不大的座位區找到了位置。空間內的情調是舒服的，有點過去台北咖啡館一直想模擬的歐美氣氛，但在這裡很自然。我們拿了 Menu，然後我在裡頭發現了雞尾酒，有咖啡做的特製調酒，也有經典雞尾酒。

重點是，上面有布朗克斯 Bronx 與布魯克林 Brooklyn。

喜歡 Bronx 這杯酒是源自於一本叫做《雞尾酒裡面有雞尾巴嗎？》（*An Illustrated Guide to Cocktails*）的書。謠傳這杯酒讓一堆上流男女在大白天就喝醉，然後去到布朗克斯動物園看見了粉紅色的大象。相較於曼哈頓 Manhattan，這是一杯在台灣少有人知道的酒，或說，除了紐約人，大概沒什麼人會知道這一杯以洋基球場和動物園所在地為名的經典紐約雞尾酒。

那種感覺很難形容得貼切，在紐約喝紐約才有的經典調酒，布朗克斯與布魯克林，興奮感其實已經凌駕於所有感官之上。在兩杯酒喝完之後，原來這樣多年只能臆測的那些，都安安穩穩地落到了心底。

所有事情都回到了一杯雞尾酒該有的樣子。

🧄 這趟紐約行最值得遇見的人

後來幾天去了一些經典餐館與酒吧，除了葡萄酒與啤酒，大部分時候是喝著不同人做的馬丁尼，也喝了經典的「盤尼西林」。在有限的時間內，我很直接地喝著「紐約的雞尾酒」，沒有想過要去什麼超級名店或世界五十大酒吧。有些酒吧行都是藉著紐約友人帶路的偶然際遇，比方名店 The Dead Rabbit、當時在華爾街港邊的新酒吧 Black Tail、尚未歇業的傳奇酒吧 Angel's Share、知名的 The NoMad Bar 與 Elephant Bar、Fuku+、Mace、BAR GOTO。

然後，在機緣與巧合的安排下，我們到了 Pouring Ribbons，一間位在東村邊緣字母城的 2 樓小酒吧。週日夜，那是我們在紐約的倒數第二個晚上。這是一間少見的明亮酒吧，有的是溫暖而不是陌生與距離，站在吧台裡面工作的眼鏡仔叫做 Brian，酒單裡面全是藝術家的名字與插圖，酒牆上有一整個系列的 Chartreuse 藥草酒。

那一季的酒單主題是藝術家名人系列，我太過好奇於是接連喝了 Andy Warhol、蔡國強、Damien Hirst、Jeff Koons 等等，可能還有外加一杯或兩杯 Shot，因為和 Brian 用破英文相談甚歡，交換了我們在台北餐館的資訊，他說隔年他或許有計劃到亞洲旅行，他還說他知道台北其實有許多相當厲害的調酒師。

🍺 與 GN 在 Angel's Share

Brian，以及當時的酒單

在喝醉以前我知道我遇見了這趟紐約行最值得遇見的酒吧工作者。他沒有架子，做酒邏輯清楚，很容易流露出文化思考的底蘊，而重點是，在老闆支持下，他與夥伴們打造出了令人難忘的喝酒體驗，很紐約，比看YouTube 裡的酒吧影片或電影還令人興奮。那應該就是一種自然而然的，紐約創造力與氣質。這一晚沒有一杯酒是隨便或過度賣弄的，並且，在易懂的趣味裡頭，存在著一種很別緻的舒適感。

回到台北之後我寫了 Email 給 Brian，試著保持聯絡與想像空間，並藉由台北前往紐約的友人傳遞一些問候與致意。同時間，我一邊讓餐廳開始舉辦各種活動、一邊開始設計新台北家常菜的菜單，並與酒吧的夥伴們一起展開了一段漫長的、要向紐約致敬的新雞尾酒單設計過程。

🧄 在台北的紐約蒙太奇雞尾酒派對

而事後看來，隔年夏天換上的全新雞尾酒單加上強調台北新家常的菜單，定義了貓下去獨樹一幟的台式風格與奇妙的紐約迷戀。並確立了我們的中心論述，就是要這樣的在地也國際，就是要讓食物盡可能理性，

雞尾酒，則要帶點任性與感性。這開始讓我們成了自美國回來或有美國朋友來訪的台北人，或多或少都會覺得可以與必要帶來吃飯喝酒的好地方。因為服務與氣氛就像是在國外那樣喧鬧與青春的潮流餐廳，而食物與飲料，除了台味，雞尾酒則又帶了大量的華人嬉鬧元素在裡頭。說是「潮」可能不為過。那也是由啤酒大牌 Asahi 與行銷公司原英所致贈的「台北最強」匾額剛掛上牆，以及我們剛把紅黃燈籠掛上天花板成為視覺主軸的時候。

「貓下去敦北俱樂部與俱樂部男孩沙龍全新推出，《非關男孩的俱樂部飲酒指南 2018- 19》之紐約蒙太奇全系列妹酒，每晚在台北城中敦化北路熱烈供應中。以中國城為題，環繞紐約元素，把經典調酒做得更經典，把貓下去的宇宙觀做得更惡趣。與自由女神一起吃鮑魚，與厭世少女一起點燃汽油彈，與時尚名人一同遊歷哈林區與布魯克林，與持續認知倒錯的高酒精經典雞尾酒長島冰茶一起消遣自己的認字無能。竭誠歡迎，所有台北的妳你你妳，一同參與，全世界只有台北才有的，怪奇喝酒場景。」

回看那年我們在社群上的發文，真的就像是一種沒人聽過的宣言，就像是要獻給台北所有空虛寂寞需要歡樂需要新鮮事的飲食男女們，一份以紐約華埠色彩拼貼而成的雞尾酒情書。

而那就是目的。

🧄 真正的成人飲料 AKA 經典雞尾酒

從貓下去還在徐州路的時候，每晚就以實惠甚至低廉的價格供應一系列簡單的酸甜雞尾酒給客人們。而後經歷了三位冠軍調酒師加入敦北俱樂部的大躍進時期，以當代最具創意的雞尾酒手法輔以新銳藝術家的插畫酒單，讓 2017 年的貓下去也沾過亞洲五十大酒吧的光環（第四十九名）。

在冠軍團隊離開之後，我與外場夥伴們接回了規模不小的酒吧，除了保留酒單設計的藝術形式，也慢慢讓一切回歸餐廳式雞尾酒的正軌，也就是要做出一如老派飯店或美式餐廳會喝到的那種簡單好喝、經典又有點意味的「渡假風（大洋風）雞尾酒」。那其實是刻意復古但又帶點時髦摩登的新嘗試，也是刻意回到像杯飲料就好的製作路線。不做太多花招不碰高深萃取技藝，而是把重點擺在如何抓住餐廳客人喝酒的喜好與對於經典雞尾酒的理解與轉譯。

我們把雞尾酒當成是一款又一款會讓人看到酒名與圖樣就會想喝的成人飲料。只要讓大家覺得是飲料，一切就會水到渠成；就會讓人一杯兩杯三四杯；就會好喝好喝一直喝；就會讓口渴的都會男女，都會深陷其中而無法自拔（地上癮直到東倒西歪為止）。然後是持續找各種文化哏（包含漫畫與電影）、找趣味點子（包含幹話與迷因）、找刺激的風味組合（像是芒果與熱狗）、找更多創意（就是把自己當販賣機），直到有了很明確的幽默或是能被認知與認同的口味主體，才去賦予酒的外在包裝與文案形象。

那些試了又試喝了又喝也醉了又醉的調製過程，最終就是要讓這些飲料從看起來與喝下去，都能有貓下去的壞、的歪、的可愛與聰明。重點是

要讓你記得我們會做好玩的雞尾酒，也喝得醉，就行了。

所以當完成了這份向大紐約與中國城致敬的雞尾酒單時，我知道這一切就是了。這裡頭包含了我們一直想做的真正經典「飲料」包含了蛋蜜汁雞尾酒、加濃版的長島冰茶並諷刺喝醉一定會看錯字而取名做「長鳥冰茶」、署名給厭世少女們的「溫柔汽油彈」，以及我覺得一定要有的，用紐約五大行政區去命名的真正經典紐約式雞尾酒（當然是微調成貓下去的版本）。

酒單上線短短半年，客人的反應是叫好也叫座，而我們的酒吧組，那年開始，也隨著來客數的持續增加，每晚都在向調製雞尾酒的總杯數紀錄，做各種不可思議的極限挑戰。

其中最熱賣的除了真的很大杯喝了很地獄的長鳥冰茶，上桌會點火的汽油彈與署名是亞裔中醫師調製的盤尼西林也都不遑多讓。有茶有火有藥的酒，鬼知道，都賣得很好（笑）。

2018 年當時，每晚熱賣的酒來瘋畫面，讓我覺得我們在台北貓下去、敦北俱樂部，是真的做出了一版拿到紐約也不會輸人的簽名款雞尾酒單了。

🧄 紐約的朋友，紐約的雞尾酒

「……聽說 Pouring Ribbons 前吧台手 Brian Tasch 下週即將去貓下去一日駐店後除了深感人生緣分的奇妙及好酒無國界外，一方面也直覺這真是夢幻組合，因為 Pouring Ribbons 雖有 bar food 但沒熱食，來自紐約起司工廠 Beecher's Handmade Cheese 的肉盤跟起司雖已誠意十足，但有不知多少次我都一邊讚嘆調酒的精采創意，一邊心想要是這時能搭配一份冠軍薯條該有多好，而如今這個念頭竟然就要實現了。」（By Debbie Huang，旅居紐約的藝術行政工作者）

還記得紐約的朋友，調酒師眼鏡仔 Brian 嗎？

我們那份獻給紐約的新酒單似乎也帶來了好運氣，他老兄呢，也就在那年的秋天來了信，說他冬天會有趟亞洲行，會到台北，玩個幾天。

於是我與當時的吧檯經理麥可想了想，就決定半騙半哄地，回信給他，並且自信滿滿地說：
「很好啊，台北超期待你來的。那你要來做個一晚快閃的 Bartender 嗎？」

我們真問。
他也說好。
這就是了。

就以我們剛換上的紐約主題雞尾酒單為延伸，他說可以設計五杯很紐約地區故事的雞尾酒來應景。太棒了。絕對是。

於是 2018 年的 10 月 23 日星期二，一場名為「紐約的朋友，紐約的雞尾酒」的派對，就在貓下去敦北俱樂部，低調又溫暖的，讓去過與沒去過紐約的人，都來與我們一起參與了這場現實與蒙太奇交錯，從台北喝到紐約的快閃活動，一晚限定。

一切是以雞尾酒為名，但對我來說，似乎是在為去年那趟短暫且奇妙的紐約行做一個電影般的結尾註記，也似乎是在為這樣多年的美國夢紐約情做個階段性的結語。嗯，一切是該從這裡，繼續往下一步前進了。

回憶起這件事情最有趣的部分，是在持續交換信件確定酒單內容與酒譜的過程中，藉由操作發現了一個紐約調酒師的紐約雞尾酒，其實有很多不好懂的不平衡或直白一點講是不好入口的部分。所以後來他的那五杯雞尾酒，大夥所喝到的版本，其實都是我和麥可改良過，並由我們的夥伴在現場做實際調製的。只是來露個臉、像個朋友般說哈囉與認識台北的他，也在那晚到了現場喝了我們的版本之後，笑說我們做的好像真的，還比較好喝（笑）。

🧄 用一杯酒敘述你的世界與品味

那晚 Brain 分享的雞尾酒有「**飛機下的皇后區新浪潮（歡迎降落紐約）_QUEENS**」，「**社交俱樂部的香檳雞尾酒（獻給曼哈頓的精美男女們）_CHAMPAGNE JULEP**」，「**布魯克林區的霓虹荷蘭城（給潮流人喝的新註解）_KNICKERBOCKER**」，「**加強版老時髦（為經典紐約客的全新特製）_IMPROVED "OLD FASHIONED" COCKTAIL**」，「**透明流線裡的中國城馬丁尼（與一間溫暖的紐約式小酒館）_MARTINI（IMMIGRANT）**」。

雖然每杯酒的中文譯名都是出自我手，但卻是建立在他詳述每杯酒的靈感來源，以及所使用的材料與風味輪廓的脈絡之上，其中也充滿了他對於紐約雞尾酒文化與移民色彩甚至是地方故事的理解。這是很重要的當代雞尾酒手法，亦即用一杯酒，就能講出一個世界、講出你是誰，還有你的品味以及所見所聞。

當晚的酒單設計我還找來了十個在紐約曾有過去與現在的朋友，一起寫了一點關於他們自己的「紐約雞尾酒」，這裡頭包含了知名作家何曼莊、陳德政、性別研究與心理學者劉文，以及當時仍在為了開設自己的紐約酒吧而努力奮鬥但現在已經是北美地區最佳酒吧 Double Chicken Please 的主理人「GN」詹佳恩。

即使 2019 年之後又換了幾個不同主題的酒單，但我那個關於雞尾酒的原鄉、想要做的諷刺與蠢事、以致荒謬惡趣，再到看著客人們其實超喜愛但又不敢大方承認的那些白目企圖，就在這份來自紐約的朋友與致敬紐約的雞尾酒單裡，刻下了我職業生涯的某部分墓誌銘了。

Brian 特調的 5 款雞尾酒。

「根深蒂固、沒什麼理智的愛。」

就算我在紐約也只是喝著不同人做的馬丁尼、嗑著漢堡吃著拉麵啃著炸雞，但紐約就是值得這樣拿出來說上一堆故事、花上萬把個字，去說明我的職業生涯與貓下去，到底是如何成為今天這副中西混血又令人滿頭問號的奇特模樣。

也寫給台灣最酷的嘻哈藝術家 2dogg。沒有你為我們繪製那些年的那些酒單與每個活動的插畫圖像，這一切的一切，都將不會發生。

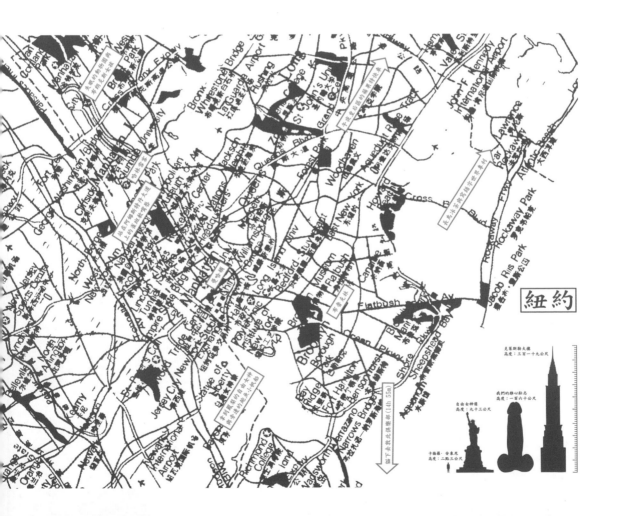

28 凹女 2020

去記得、去想念，去發現，有一家餐廳是這樣的陪伴在你身邊

凹＝貓下去，凹＝缺陷，凹＝一塊拼圖。

凹＝可以是裝可愛地叫一下。

凹是受傷，是大部分的日子，不完美的部分。

也或許是，一個祕密，一個角落。妳自己的。

2020 年是很值得記住的一年。

3 月在疫情正式進到生活中的同時，我們發行了一本名為《凹女》的雜誌。初刷一千本，但一發行之後馬上又加印了一千本，全黑白印刷。造型酷似電影《龍紋身的女孩》（*The Girl with the Dragon Tattoo*）好萊塢版的女孩手持麥當勞薯條的畫面成為封面，也成了那年我的同溫層們頗有記憶的一本雜誌。

同年夏初，我們硬著頭皮接下了告別誠品敦南的系列活動，為那個充滿了情感的書店地點與社交空間企劃了最後一個週五到週六的二十四小時告別派對。緊接著是整個夏天，因為我們抱持著「珍惜疫情沒有爆發」的心態，一股企圖心使然，決定把評估覺得可行的每個外部活動，都排進營運行程裡，所以最終成了一場像是貓下去馬戲團的夏季巡迴，在全台不同地方接續上演。

🧄 一切都是為了活下去

先是去設點新莊棒球場，與富邦悍將棒球隊合作了持續半個球季的貓下去啤酒站，藉贊助暢飲貓下去啤酒的活動，換取本壘板後方的轉播廣告露出（也就是捕手後面會看到貓下去三個字啦）。接著與永心鳳茶聯手，在其北中南三地的餐廳裡頭，個別舉辦了連續兩晚的音樂食物雞尾酒與煙火派對。

然後秋天，我們回到了敦北貓下去，與汽車大牌賓士合作了展車與餐盒活動、參與了台北文創記憶中心的早餐展、去了台北時裝週、去了總統府在台北賓館的記者餐會、籌劃了金點設計獎會後的餐飲與影音派對，並與 NIKE 規劃了一場小小的台北馬拉松系列活動在年底。

餐廳當然是持續營業著，還擴充了一個地下室的新用餐空間，所以整個 2020 年，貓下去這家餐廳是趁著疫情還未爆發前，用著飛快速度在成長自己的。而這些能夠裡裡外外運作著餐廳本體，並且還能走出去展現餐廳的服務能耐，也都是源自於 2017 年的策略轉型而來的累積。絕對不是像販賣機一樣投錢按個鈕就會有東西掉下來，也絕對不是平常嘴一嘴就能憑空捏出這些實體，來讓大家又吃又喝又能玩樂其中的。

而一切其實也都只是為了活下去而已。

關於辦活動、關於做企劃，關於從這之中找到新的技能與機會，一開始，真的只是為了解決我們從小店來到十倍大的敦化北路這個新空間，所造成的各種不適應以及生意欠佳。

🧄 擺脫西餐與既有包袱的放手一搏

那是 2017 年底剛結束短暫紐約行回到了工作現場，我看著每晚的生意與數字，知道再不改變與突圍，我與貓下去，就將要被經營不善的困境給吞沒。那也是敦北俱樂部開幕近一年之後在各種抱怨與客人流失的種種低迷狀態裡，讓你不得不好好思考轉型的一個重要時刻。其實知道是沒什麼可以輸了，也知道不瘋狂一點可能就得等死。除了食物與形象必須要拋開西餐既有包袱，我那時候就只有一個念頭，是必須要「擺脫只是一家餐廳的範疇」，才能夠走出僵化的既定認知，去重新表達自己，去把大家的目光與想要一探究竟的好奇，都吸拉回來。

而我們有的是空間與場地。

然後我有的是創意與設計以及文案能力，外加有不怕丟臉不怕輸的決心。

這就是那時候我知道自己僅有的了。

所以 2017 年最後一季，我們自費辦了約翰走路威士忌週（也是 Draft Land 這個品牌名字第一次用生啤機出來做活動）；與 B 級酒吧好友「操場」做了一場包含灌酒巴士的荒謬聯名；然後是以披頭四的《花椒軍曹與寂寞芳心俱樂部》（*sgt. Pepper's Lonely Hearts Club Band*）專輯面世 50 週年為主題辦了貓下去第一屆的跨年派對。那也是我們第一次舉辦跨年活動，為了餐廳裡的夥伴，以及喜愛貓下去的里鄰朋友們。

後來的這些年，如果有什麼看似瘋狂的貓下去大小事，也都是從那時候開始萌芽的。我後來常說，因為看著這家猶如小孩開大車的貓下去敦北俱樂部快要無以為繼了，所以才去想出來這樣許許多多的搏命絕招。而數字是真的會說話，客人開始有新的上門理由，也有了更多不同評價與凝聚力。

2018 年夏天則更瘋狂，與日系啤酒大牌 Asahi 在信義區最多人流的街口，我們做了為期兩個月的大型快閃啤酒吧。除了累計服務了一萬六千多杯生啤酒給客人，那也是第一次把剛轉型為新台北家常菜的「涼麵」與「炸雞」，送到敦化北路以外的地方去販售。

🧄 從金馬獎到日常生活，貓下去始終與你同在

一連串的活動與創造，讓我們開始被當成了品牌來看待，開始有很多不同的商業合作來找上門。聲量就在剛剛好需要它的時候，被灌進了改頭換面之後的那個新台北台味臉孔，於是 2019 年也就在一個很自然的氣氛下，貓下去成了金馬獎有史以來第一個非連鎖企業去提供紅毯酒會餐飲服務的單位。

有別於傳統雞尾酒會給一些小小的手指食物（Finger food），這場酒會用了很多包裝食物與園遊會的概念來呈現。像涼麵就是一盒一盒的；很台北的滷味、水晶餃、米粉，以及象徵是劇組共同記憶的小便當，也都是用小小的盒子或袋子，封裝起來。設計過的外包裝除了很台，還兼具了可以外帶的功能，讓這些入圍的影人們可以偷渡到會場裡，好好地渡

過整晚都不會再有食物可吃的漫長典禮。連同台南好朋友蜷尾家所提供懂得人性與吃喝的對價關係，所以貓下去總是可以提供出讓大家都能好好使用的服務設計。

而後來的事情大家都知道了，疫情三年，貓下去團隊更具體展現了一家餐廳存在的價值，以及如何扮演與大家同在的角色。尤其是 2021 年疫情最嚴峻時期，各種外帶與外送還有商品開發服務，讓每個需要我們的客人，都能把貓下去當成是城市客房服務，當成是隔離生活的伙伴，當成是日常需要的陪伴從早到晚，一週七天，沒有間斷。

事後看來在 2020 年疫情低迷中所發行的那本雜誌《凹女》，就是帶著隱喻似的，讓我們去記得，這就是承先啟後以及很值得記住的一年。

而這一切都只是為了活下去以及履行承諾。

關於我想打造那一家我心目中理想的餐廳希望能夠做到的，可以吃過一代又一代人的，經典與傳奇。

「《凹女》雜誌的概念，是源自2019年10月開始的『20192020都會愛情雞尾酒專輯』計劃。當時，從都會女孩的愛情三部曲所延伸的雞尾酒單開始，就預設要在隔一年的3月女孩節，向已故作家李維菁致敬，來發行一本真正的，女生雜誌。因為酒單內容靈感來源，是從《老派約會之必要》開始的，而後在另一本《生活是甜蜜》則發現了一本虛構的少女雜誌叫做《摩登少女完全手冊》。所以原本的概念，其實是想把那本虛構的少女雜誌，給真實地發行出來。

但幾經轉折，最後最後成了《凹女》，一本貓下去這家餐廳所發行的城市女孩誌。用了非典型的編輯與製作，目的與企圖，其實只是想要能陪伴女孩們，在不完美的日子裡，能與一點文字，找到一些些，小小的微笑。是做出一本真正的雜誌，為我們喜愛的所有貓下去女孩們。」

「她小學一年級時自己繪製圖書館借書卡，用刀片裁剪，用尺與彩色筆弄了整個下午，她描繪著女同學競相走告買下的《摩登少女完全手冊》其中一頁的美少女圖案，一筆一筆印著描著。長捲髮編成辮子，明亮的眼睛，小而嘟的嘴唇，嬌俏女孩穿紅上衣白短裙及運動鞋，微微側身，雙手握著網球拍，修長雙腿重心在前腳，就要揮拍。

她一筆一筆勾勒，在借書卡上描邊線，把主角背景重新設計，以綠黃黑三色交替的斜射條紋鋪滿整個畫面，創造速度加快與時空變異之感。」

（李維菁，《生活是甜蜜》；二〇一五）

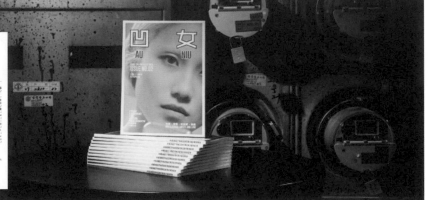

咬小力一點.

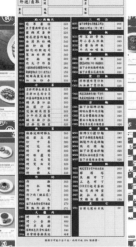

【金馬獎之夜，與貓下去的十年創意，一日呈現】

（文／貓下去負責人陳陸寬）

昨晚是貓下去展現團隊工作價值的一個嶄新里程碑。一整晚，兩場服務金馬獎的相關活動，意外的，比想像中祈禱的順暢，都還要成功。

許多人不知道的是，我與貓下去團隊所設定的，在每個日常餐廳營運，以及這些年所有的大小活動裡頭，有多少的標準，以及為了每個執行完整，所投入的試驗，前置作業。這是依賴著近五十個人的公司團隊，每個人在每個環節的工作投入，才有這樣日日夜夜，大大小小，有別於世界上其他餐廳能呈現的，特別場景畫面。

昨天早上，我內心的期許，是這一晚，讓我們這十年累積的功力，從紅毯酒會，到《返校》劇組的慶功宴，完整展現，就好了。而當酒會一開始，金馬獎的工作人員告訴我，這是這麼多年來，第一次看到，與會的電影人，大家在現場瘋狂拍照，開懷吃喝。是超級意外，但效果出眾。

我們從一開始的創意，就想要大家可以吃飽，其實。只要先去想人的行為模式，再來想創意，就不容易出現失誤。這是我十年來與貓下去一貫的作法。然後是要電影人覺得有趣的哏。所以出現了涼麵、小便當、油飯、米粉、水晶餃、爆米花、滷味包、這不是布丁的茶碗蒸。然後是要大家一看到就會知道，不用解釋的東西，以及，把手上的資源彙整成，好玩的元素加總。所以我們讓大家知道，原來台南冰王蜷尾家也會做麵包，原來

永康街的日曬紅豆餅這麼好吃，還有，大稻埕隨手可買的零嘴小食，可以變成一種趣味慶典零食。

而這是多年習慣的創意思維所聚集出來的大展現，當視覺總監羅申駿（JL）一到現場就吃到合不攏嘴的當下，我就知道，今晚沒問題了。好吃好玩，新奇有趣，這就是設定要達到的目標。因為這些電影人，走過紅毯之後，就有將近五個小時是沒東西吃的。而我們把食物做了包裝，就是讓喜歡的人，還可以偷渡東西進會場。當然，也因為覺得沒看過這樣的金馬酒會食物，而一直想要拍照，想要分享，會在現場打開話匣子，我在現場看著這一切發生，自然而然的，真心覺得，很好，很貓下去。

貓下去沒有企劃部。但也用有限的人力，可以捏出文案、設計、發動企劃、規劃營業。也因為餐廳內外場的所有工作夥伴的投入，可以執行出一個又一個商業活動。這是 2019 年～ 2020 年，貓下去所要展現的，一間餐廳，到一間餐飲公司，十年的功力累積。

而 2019 年 11 月 23 日是值得這間公司記得的一天，這也是公司設計小老弟，北藝大美術系畢業的陳奕志，值得被稱讚的一天。因為他真的很敢，憑著我嘴了一個想像的點子，要做動態的背板，然後大膽地在幾百個電影人面前，用三面大顯示器，播放自己拍攝加後製的台北夜晚霓虹風景，然後還協同廚房與酒吧同仁，把我所有嘴出來的食品包裝點子，做成實體。

這真的很貓下去。

我指的是，所謂的ㄎㄧㄤ，可能只是我們敢，也可以執行，大家以為不可能的，荒謬事情。

這一天的成果也要感謝很多貓下去朋友，第一名是這次的計劃執行主廚，我多年互虧好友 Fancia，她在西門町那家路口轉角的小店 ，是我今年最

愛的一家吃食屋。還有台南冰王光頭，這裡就不多說了，反正他已經很有名都在玩重機不認真工作了。然後是永康街日曬紅豆餅慶富，台北最好吃，沒話說。

最美餐飲公關林安伯，我和金馬獎開完第一次會之後，就知道只能找她諮詢，因為這種浮誇的事情，她最在行。貓下去之友陳小曼，馬頭餅乾的點子，是大膽約她聊天才有的。餐廳山男的主廚一山，我現在只要想到 Fine Fine 的東西都會先想到他，是他和我分享了世界五十大餐廳都在玩的食物包裝點子。

最後是偉大的欺世盜名無所不在的 BIOS 執行長白尊宇，雖然對他和金馬獎來說這都是很小的贊助活動，但中間發生的摩擦，都是靠他在處理，真的厲害，EQ 一百分。

至於我個人要很謝謝好友詹朴與曾子豪，百忙中還趕出了新一季的貓下去領帶，給我們金馬現場的工作夥伴。然後是贊助我領結的高梧集，希望我日後還有穿上禮服式西裝的打扮機會。

一切成果看似日常，但一回想都覺得是得來不易，2019、2020 貓下去還有許多計劃要完成，希望可以展現一間餐廳，一間餐飲公司，在這個世代的，獨特台北精神。

（原文寫於 2019 年 11 月）

30 因為我開了一家餐廳

一家叫做貓下去的，台北餐廳

雖然還有很多話想說，但應該就是，先這樣了：）

坐滿人的餐廳，擠滿朋友的座位，氣氛酒酣耳熱，各種閒扯聊天，八卦與歡聲不斷。杯杯盤盤散落桌面，而我就坐在裡頭，看著這一切在面前，發生著。

隔壁桌是四個妙齡女子，玩著狗與喝著酒，感覺是下班之後的聚會；對面那桌子有男有女，戴著動物耳朵造型髮箍，感覺在玩遊戲，但音量低調，應該是朋友之間今晚的聚餐造型指定。背景音樂是英國樂隊 The 1975 的吉他聲響，滿座的餐室人聲喧鬧，週五的傍晚時分，我默默在這一刻覺得平靜與放鬆，因為難得，自己可以坐在餐廳裡頭與友人聚會，而一切都很好，食物好吃、酒好喝，大家開心，場面是如此快慰與歡樂。

🧄 新一代台北人的記憶載體

這是我所開設的餐廳裡頭時常發生的畫面。人與人，藉著食物飲料，藉著服務的恰到好處，聚在這個不算是台北城內主流的地點位置，分享彼此的某一段晚餐時間，去製造開心、滿足、記憶，去製造友情、愛情，或就只是製造陪伴，在這日常的城市生活裡。

想想一家餐廳，用了幾千個日子，與無數個客人，在一餐又一餐，一口又一口，一次又一次的點滴互動裡，成就了一幅巨大的蒙太奇畫面，而上頭充滿了人臉、吃飯喝酒的情境、某一段生命歷程、快樂或悲傷，得到或失去。

所以每當我坐在餐廳裡頭的時候，不論靜謐或吵鬧，我都會因為太多的記憶閃動，而想起了這一切是多麼的得來不易。

我的這家餐廳叫做貓下去，創立於 2009 年的台北徐州路，而後在 2016 年轉往松山機場前的敦化北路，認真說來是台灣開始出現「餐酒館」一詞的濫觴。我從二十九歲那年的夏天，便開始和這家餐廳相依為命，直到現在剛好是十四個年頭。我看著許多人來來去去，在這家從十七坪長大到二百坪的餐廳裡，我也看著許多人成長、變化、隨著時間的、不論是好或不好。

我看著許多人從陌生變成朋友、從戀人變成家人、從兩人世界變成了別人的爸爸媽媽，從別人的爸爸媽媽變成了爺爺奶奶。當然，其中也有從戀愛到分手，再戀愛再分手的人，當然更有一些是常常帶著不同的異性朋友來的，不管曖昧與否，不管是否都有後來的結果。當然更有我們看著他或她從小小的小朋友，到現在已經不跟著爸媽一同，而是會自己訂位自己帶著心愛的人，來到餐廳裡頭用餐的那些，我稱之為是「貓下去 Kids」的男孩女孩們。

我甚至是給過這些孩子們人生第一份的打工或正職工作過，想想也實在是，挺有趣也挺感人。

🧄 貓下去，一間持續滾動著的有機體餐廳

這就是貓下去。一間像個孩子的成長過程一樣經歷了這麼多的時期這樣多的事情，然後在跌跌撞撞裡頭繼續長大，並且還保持著生命力存在著的一家台北餐廳。

這就是貓下去，我所開設的餐廳，它讓我有了職業的意義，有了創作的目的，有了想要做更多事情的企圖，當然也耗費了我很長一段生命。但

和它一起，我們製造也完成了很多事情。像是企劃過金馬獎的紅毯酒會、去幫誠品敦南做告別派對、讓嘻哈歌手在廚房演出，把涼麵送進總統府的活動，我們也做了很多沒人做過的食物，像是油封大蒜配薯條、現代烹飪版本的鹹水雞沙拉、魚子醬與蜂蜜吐司、一碗 300 元以上的獨家涼麵、燴飯版本的排骨飯、看起來像是但本質上不是義大利麵的培根紅油蛋汁麵；以及創意引導下的食物企劃，像是讓客人帶麥當勞的麥克雞塊以及麥香魚來讓我們改裝成更奢華也更有趣美味的貓下去版本。

而剛剛說的都是這些年這家餐廳裡頭某些大受好評的一點點東西而已。

然後我們也是第一家只營業晚餐時段的酒館式餐廳、第一家稱自己是西餐快炒的館子、第一家自嘲引人發笑說自己是「擠吵位少油煙多」的小餐廳。也讓很多很棒的餐飲夥伴在裡頭工作過，是這些人的投入讓貓下去的生命歷程更繽紛也豐富，並且留下了很多很棒的食物與飲料作品。

而更重要的，我常常一想到就會很感動的，是讓我小時候的偶像、一堆有名的人、電影電視音樂圈子的、設計創意領域的、政治人物、商業大佬與創業家們，以及各式各樣五花八門琳琅滿目的人，都來到了這家餐廳裡，享用我們的服務、體現了貓下去的文化與價值，然後成了真正的常客甚至是，變成了很親密的朋友與家人。

🧄 倪重華：飯是一口一口吃出來的

已經在貓下去吃了十四年飯的常客，搖滾教父倪重華，我想是最能代表貓下去的客人。他曾在任職台北市文化局長任內，對著媒體說過：「貓下去是最能代表台北的一家餐廳。」他也知道我一直認為貓下去身為公司化的職業餐廳，要有企圖往國際走，於是曾經積極引薦日本資源，希望我們能去東京二子玉川開闢新局。他總是誇張對著同桌朋友說，幸好阿寬小時候沒繼續玩樂團發唱片，不然這些年他就沒地方可以吃飯喝酒了（笑）。而他也曾在我與貓下去那段疫情低潮的時候，找我聊他的過往，聊人生挫敗，然後對著我說，其實他與家人都把我當成自家人在看，要我與餐廳都好好找到方法，繼續堅強的生存下去。

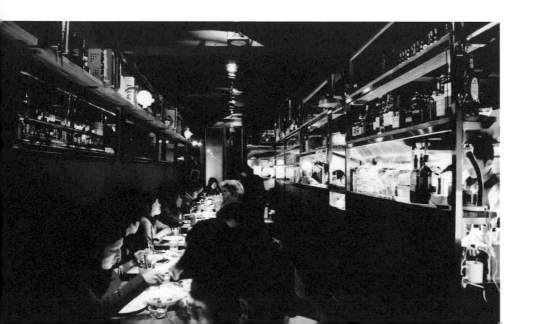

而倪重華就是我小時候的偶像。他發掘了我小時候喜愛的歌手如林強、伍佰、張震嶽、洛城三兄弟、羅百吉與豬頭皮。所以當他 2009 年在我們剛開門第二天就進到那小小的貓下去裡頭吃飯時，我就知道我們可能做到了某一件很酷的事情。而這麼多年過去，交友廣闊的倪桑，也就真的帶了許許多多難以計數的更酷更不可思議的人，包含我的另一些偶像們，都來到貓下去吃飯，也都在後來成了我們很固定的餐廳客人。

飯是一口一口吃出來的，我時常還是會想起這一句倪桑十幾年前對我說過的話。這用來形容餐廳做生意的模式與態度，是最適切不過的了。我也很常想起在徐州路的小店時期，他帶過現在已經不在了的美食家韓良露與廣告大師孫大偉來吃飯的樣子。那時候的貓下去定價頗低，但用料比肩高價餐廳，所以常常被他們嘲諷說是這老闆肯定瘋了！

（嗯其實是笨啦在當時。）

🧄 因為我開了這樣的一間餐廳

說到這，我也不免記憶湧上心頭，我之所以會鼓起勇氣和家人與同學說要在那靜謐幽閉的徐州路開餐廳，純粹是因為那小小的店面很有味道，門面正臨小小人行道而沒有騎樓，馬路整齊有樹蔭廊道，而我的門口，就有棵無價的巨大老樟樹，很是漂亮，有那時候師大與東區都沒有的情調。所以後來倪桑與另一些懂得情調的客人，都很愛就著那戶外區擺設的小位置，除了吃飯聊天，也享受台北人少有的天氣資產。我想我和貓下去是因為有了許許多多懂得品味與生活的客人影響了我們，才讓我們

2021 年設計部門成員，於貓下去二樓拍攝徵人照片

從原本只是迷戀外國情調而依然懵懵懂懂的經營方式，開始慢慢地知道怎麼變化與協調，接上自己的地氣。

也之所以後來經由股東支持，我才敢帶著貓下去與夥伴們，來到了更大、更有空間發揮的敦化北路民生路口，開展了近幾年擺脫只是一家餐廳範疇、讓大家更容易使用也更多人知道，全方位的貓下去餐廳。而那就是後來大家都知道的事情了，可以舉辦各種活動，有很大的戶外區，有兩層樓的酒吧與餐室，有自己的辦公室，更重要的是我在敦化北路這裡真正成立了一個小小的企劃與設計部門，把多年來很多只能想而受限餐廳人力編制的事情，全部都盡可能地化為真實。

這也是疫情三年過去，我們始終能保持一直有新鮮事發生的核心精神所

在。甚至是還去當了別家餐飲公司的微型創意代理，也默默地與一些品牌保持著合作關係，時不時更跨領域地去做了提案，算是把我開餐廳以前從 2007 到 2008 年那一段創意公司的文案與編輯能力，都藉著貓下去，在這些年又做了更多真正的商業變形。

十四年的過程，換算成是一個嬰兒都已經長大成了國中生，可以自己去約會和找朋友組樂團了。貓下去則在疫情後遺症裡頭，要想著更多活下去的辦法。眼下的餐廳時常還是滿座，但後遺症是缺乏足夠的工作夥伴讓我們可以像以往那樣活力十足企劃各種活動。而我則愈來愈多時間是坐在辦公室裡頭寫著文案與企劃，偶爾遊走餐廳內外場，開會也打招呼，也維持在現場做菜與做酒，但大部分是為了消弭工作焦慮，也順便分享點子給年輕的現場夥伴。

可能也是因為這樣，疫情後遺症裡頭，才讓我決定在日復一日之中，要找個方法，把這些年的記憶，與餐廳餐飲的喜怒哀樂，還有各種腦袋能想起來的好玩或不好玩，都慢慢地，把它們寫下來。

而這一切又讓我回到了那個餐廳畫面裡頭。一個人坐在了很多人的空間之中。

我似乎還有很多話想說，而不只是平靜與放鬆；我似乎是被命運拉著拉著，然後就來到了這個地方。

有熱鬧的場景、有好吃的食物、有滿是酒杯的桌面、有好看的人與有名的人持續來來去去。有人看著我，有人和我打招呼，有人說要我去喝一杯，有人在電話裡頭訊息問我今晚有沒有在店裡？

我想這都是因為我開了一間餐廳。

一間原創於台北沒有前例可循，也持續在做自己的餐廳；一間希望能走到更遠的地方去陪伴更多人，也做出更多作品的餐廳。

而這從來就都不是一件容易的事情。
也持續在路上。

關於餐廳，關於如何成為經典，也關於我所開設的這家叫做貓下去的，台北餐廳。

OUTRO

記得永遠都要先說好

記得永遠都要先說好。

那是一個百無聊賴的夜晚,就在餐廳已經進入營業後半段的時間,而現場客人仍熱絡的時刻。

我們的一個常客,橘色涮涮鍋的老闆小袁 Jocelyn 問我說:「阿寬,有沒有什麼不是西式的甜點,清爽一點的,你有這種東西嗎?」

當下是有點考倒我。明顯的,菜單上的基本款她都不愛。像是檸檬塔、提拉米蘇、Oreo 起司蛋糕,或是布丁這些,我知道她都不要。

於是當她說算了只是隨口問問沒事的時候,我其實還是有個習慣,不會真的就這樣算了沒事,我其實都會想要先說好,然後再來想想有沒有辦法,去生出東西來。

於是離開那張桌子前我和她開玩笑說好我來想想看。

回頭我走進酒吧,想找點靈感什麼之類的,低頭看著那個巨大冰槽裡的細碎冰,當下其實也沒想太多,直覺就想到那個每天都賣不少杯的珍珠奶茶、那些小小黑糖珍珠,於是抓了一個威士忌玻璃杯,舀進碎冰,撈一大匙黑糖小珍珠上去。就只是一個瞬間,那黝黑珍珠與糖蜜反射的迷人光澤,讓我覺得這沒技術可言的小伎倆,搞不好可以稍稍拿去滿足一下她們那些嘴挑的姊們。

於是我讓外場夥伴把這粉圓冰送過去,註明說我招待的,然後就回辦公室待著,直到大概是過了半個鐘頭,才又進到餐廳裡頭去招呼小袁,意

思意思問了一下剛剛招待的粉圓冰還行嗎？

結果獲得了大大的稱讚與好評。

要知道這些平常吃著各種美食、而自己也是開著高級餐廳的人如果能給出讚美，那就真的是有那麼一回事了。

所以幾年後，疫情都過了許久的這時候，貓下去現在每晚賣最好的甜點，說出來真有點不好意思，就是這一杯用玻璃杯裝的黑糖粉圓冰。

其實也不只是粉圓冰。貓下去與我，做過的許多菜、賣過的許多雞尾酒與飲料，甚至現在所用的很多經營招數，都是源自於這個記得永遠都要先說好的念頭。像是菜單上的麻婆豆腐，就是倪桑跟我說想要讓日本人覺得一家華人館子很可以，就要有這道菜才行，於是好，我們有了好吃又下飯的麻婆豆腐；長島冰茶也是，為了要和操場酒吧辦活動，我們認為沒有這樣一杯又 Lo 又濃的代表性雞尾酒不行，所以說到就要做好，我們後來就做出了應該可以算是台北最好喝又超大杯的長島冰茶雞尾酒。

如果要我給年輕後進的餐飲人一些建議與箴言，這就是第一個，也會是
最重要的唯一個。

記得永遠都先說好。

師傅交辦的事情，先說好；

同事遇到了困難尋求協助，先說好；

客人提出的要求，想辦法先說好；

說我來想想辦法。而最後通常你都會找到還不賴的解決辦法。

在二十多年斷斷續續的餐飲職業生涯裡，通常先說好都會帶來很多收穫與好事，也會給自己帶來正面的態度與好結果。大多數貓下去的合作案、內部的企劃提案，只要說得出來的，我也都會先說好，會先試著理解與研究、去找解答、去嘗試去試驗，去面對一個又一個挫敗，然後也因為這樣，最後才會知道自己到底行不行、差在哪裡，還有什麼不足的，或許可以再多做一些什麼。

而最好玩的也就是那些所謂新鮮事，就都是在這樣的狀況下，才有真正發生的可能。

不要怕被凹。真的。
「要不要來把那本書寫完？」

「好啊！」

嗯，然後經歷了一年多的痛苦與掙扎，嗨，大家，我總算是寫到了這最後一行了。

ACKNOWLEDGEMENT 謝詞

首先是這整本書的設計與攝影陳奕志，沒有你勇敢挑戰這件看似不可能完成的事情，大家就不會在此刻拿到這本書並翻到這一頁。

貓下去辦公室的梁少謙與諸寶意、我親愛的店長 Joey 與總務郁雯，沒有你們一同協助、當我忠實的讀者與樹洞，這一切也不會完成。

葉美瑤與劉冠吟，沒有妳們兩位持續的鼓勵，我不會有決心寫完這本拖延多年的書。《PPAPER》大家庭，Ive 與包，是你們讓我認識愛與創意，以及陪伴，也讓我成為一個會寫字的餐飲人。

倪哥，謝謝你始終待我如家人。舒哥與馮哥，能讓你們成為貓下去常客一直是我心中覺得最酷的事情。冠文、Matt & Sasha，是因為一起玩過樂團才能在後來有了這間名字古怪的餐廳。Liz 與挺耀，記得，我們還要在未來不同所在的貓下去繼續講幹話。泰德利偉恩、永心鳳茶舜迪，謝謝疫情中的友情與無條件的支持。洪揚，從高餐到現在，人生還要繼續一起抽雪茄。周孟竹、尹德凱，葡萄酒和馬丁尼，一切盡在不言中。

陳德政，我們在那個二樓操場寄放的龍舌蘭是該找時間來喝掉了。

顏司奇，謝謝你在十三年前送上第一份出版合約給我，然後又在去年引薦了老東家所以才有了這本書。這有種默默回到舊日的徐州路貓下去拉回那份出版合約，然後來到現在出版的奇妙氛圍。說不上來。很像克里斯多福·諾蘭的電影情節。

美國作家史蒂芬・金說過,編輯永遠是對的。謝謝我的編輯微宣、藍,負責行銷的 Spring 與 Summer,我只是個毫無章法寫出這些的人,而妳們是讓它具體成型的神。

感謝貓下去跨業發展股份有限公司多年來的每位成員們,所有過程,點滴在心。集品不鏽鋼吳氏夫婦,感謝一路相挺。還有支持貓下去多年不離不棄的常客 & 貓下去女孩們,請想像我正在手比愛心。

當然還有,也最重要的,是依然在餐廳現場值班的大家。秦溱、K、Sean、Sharon、小妤、裕寶、Judy、智淵、姿穎、阿晏、阿祐、南瓜、Larry、旗魚、小春、Jason、丸穗,阿志以及可愛的高餐大實習生們。你們就是現在的貓下去。

賴佩琳,謝謝妳在 2009 年把貓下去三個字拿回去給媽媽問神明。

我最親愛的小姑姑,謝謝妳,讓我能在台北開始這一切。

最後,謝謝台東的日子,陪我度過低潮,和我一起重寫完這本書裡頭的許許多多回憶與章節。

國家圖書館出版品預行編目資料

薯條與油封大蒜：餐酒館教父陳陸寬的「貓下去」新
台北家常菜哲學 / 陳陸寬作 . -- 臺北市：三采文化股
份有限公司, 2023.09
　面；　公分 . -- (好日好食；64)
ISBN 978-626-358-162-3(平裝)

1.CST: 飲食 2.CST: 文集

427.07　　　　　　　　　　112011712

suncolor 三采文化

好日好食 64

薯條與油封大蒜
餐酒館教父陳陸寬的「貓下去」新台北家常菜哲學

作者｜陳陸寬

編輯二部 總編輯｜鄭微宣　　編輯二部 主編｜李婷婷　　責任編輯｜藍勾廷
校對｜周貝桂　　美術主編｜藍秀婷　　封面設計｜貳島設計　　美術編輯｜方曉君
內頁設計｜陳奕志、梁少謙　　插畫繪製｜梁少謙
圖片拍攝｜陳奕志、諸寶意　　圖片提供｜孫瑞婷、陳陸寬、費拉、貓下去跨業發展股份有限公司
行銷協理｜張育珊　　行銷副理｜周傳雅

發行人｜張輝明　　總編輯長｜曾雅青　　發行所｜三采文化股份有限公司
地址｜ 11492 台北市內湖區瑞光路 513 巷 33 號 8 樓
傳訊｜ TEL：（02）8797-1234　FAX：（02）8797-1688　網址｜ www.suncolor.com.tw
郵政劃撥｜帳號：14319060　戶名：三采文化股份有限公司
初版發行｜ 2023 年 9 月 28 日　定價｜ NT$480
　　2 刷｜ 2023 年 10 月 15 日